山东教育出版社

图书在版编目(CIP)数据

魔法数学 / 麦田编著. —济南 ： 山东教育出版社，2017.1

（陶小乐玩转数学 ； 5）

ISBN 978-7-5328-9628-8

Ⅰ. ①魔… Ⅱ. ①麦… Ⅲ. ①数学—儿童读物 Ⅳ. ①01-49

中国版本图书馆 CIP 数据核字（2016）第 302376 号

陶小乐玩转数学 5

魔法数学

麦 田 / 编著

主　管：山东出版传媒股份有限公司
出版者：山东教育出版社
　　　　（济南市纬一路 321 号　邮编：250001）
电　话：（0531）82092664　传真：（0531）82092625
网　址：sjs.com.cn
发行者：山东教育出版社
印　刷：湖北知音印务有限公司
版　次：2017 年 1 月第 1 版　2017 年 1 月第 1 次印刷
规　格：880mm × 1230mm　32 开本
印　张：5
字　数：110 千字
印　数：1-10000
书　号：ISBN 978-7-5328-9628-8
定　价：18.00 元

前言

我叫陶小乐，虽然体育是我的强项，但是在学习成绩上，我也一点都不比别人差哦！从小到大，被大人们无数次夸赞聪明伶俐的我，竟然在上小学后碰到了第一个“死对头”——数学。

这个总是跳出来和我作对的家伙，让我吃了不少苦头，我甚至无数次希望它从这个世界上消失！不过这些都是过去的事情了，现在，我和数学早已在一次次精彩有趣的碰撞中“化敌为友”了。

你想知道我是如何赢得数学这个朋友的吗？那就赶快和我一起冒险吧！

陶小乐

一个聪明、顽皮、淘气，又爱好各种运动的男孩子，富于冒险精神。因为一年级时一次数学课上的受挫，让他对数学产生了极大的反感。三年级时，一位新来的数学老师给他们上了一堂神奇的数学课，让他对数学有了别样的认识。之后，他渐渐地喜欢上数学，数学成绩也突飞猛进。

窦晓豆

和陶小乐一样，他也是一个好动不好静的男孩子。在小学刚入学的时候，因为他的“不拘小节”，给陶小乐留下了不好的印象。但是随着不断深入的了解，他们俩成了死党，并和胡聪聪一起成为“三剑客”组合。

胡聪聪

一个总是喜欢说大话的男孩子，讲起话来总是信心满满，让人有种他知道很多事情的错觉。可是因为他的自以为是，闹出了不少笑话，大家也渐渐了解到他总是不懂装懂的个性。和窦晓豆一样，他也是陶小乐的死党，“三剑客”组合的重要成员。

戴志舒

陶小乐的同桌，经常告诫陶小乐要好好学习。他的各门功课都很优秀，喜欢读书，遇事沉着冷静，总是一本正经地研究问题，男生们都叫他“小眼镜”。

简彤

陶小乐的死对头，一个聪明、干练、骄傲的女孩子，说话做事干脆利落。因为有同学曾经把“彤”错念成“丹”，于是她就得了个“简单”的绰号。不过这个小丫头的头脑却一点都不简单，只要找到思路，什么事情在她嘴里都会变成一句话——“这事儿，简单啦！”

叶小米

一个漂亮、可爱的小女生，总是一副小淑女的形象，但是眼泪来得超级快。曾经因为陶小乐在她背后轻轻地学了声猫叫，就被吓得大哭起来。虽然她的胆子很小，但是在和同学们冒险的过程中，却从未退缩过。

目录

Contents

320 X 2

640 X 2

1280 X 2

2560>15

30

30

60

60

=20(天)
100
60
R
r

我是你的新朋友，
欢迎走进我的故事！

第一章 捣蛋精灵重现江湖(上)

叶小米怎么又眼泪汪汪的了？其实我对她这个爱哭的性格一点也不意外，可是今天都怪我多嘴，竟然关切地问了一句："你又怎么了？"正巧这时候，简彤从这里路过，我的第一反应就是——糟糕，我的麻烦来了。

果然不出我所料，简彤看到我和叶小米说话，而叶小米又是眼泪汪汪的样子，立刻不分青红皂白地指责起我来："陶小乐，你怎么又把叶小米惹哭了？"

我真是太冤了！我怎么惹哭叶小米了？而且还是"又"，就好像我是"惯犯"似的。好在叶小米看到我被简彤冤枉了，急忙替我辩解道："陶小乐没惹我。事情是这样的，表妹来我家玩，非要让我给她讲故事，我就讲了个《卖火柴的小女孩》。没想到她大哭不止，

非要我把卖火柴的小女孩救活了。你说我怎么才能救活卖火柴的小女孩呢?”

叶小米呀叶小米,这点事情也至于让你哭得这样伤心?不过既然叶小米把事情解释清楚了,那么这事也就和我没关系了。我转身想走,不料简彤拉住我,冷冷地说:“想走?哪有那么容易!”

“啊？这跟我没什么关系，怎么又把我扯进来了？”我真是服了她们了。女孩的事情千万不要管，管了就是大麻烦。

“怎么跟你没关系呢？帮助同学不是我们应该做的事情吗？”简彤明明就是强词夺理，可是我却哑口无言，没法反驳。

见简彤又和我争执起来了，叶小米哭着说：“不用麻烦你们了，还是我自己想办法解决吧。”说完就哭着跑开了。

“看你把叶小米气的。”简彤气愤地说。我还没来得及争辩，简彤拉起我就去追叶小米。

还没进叶小米家，我和简彤就听到一阵哭声。我们急忙跑去敲门，发现房门竟然是开着的，里面有一个五六岁的小女孩正在哇哇大哭，可是却不见叶小米的踪影。

“叶小米！叶小米！”我和简彤急得大喊。

“姐姐不见了！呜呜……刚才姐姐回家后，我要她救活卖火柴的小女孩，姐姐哭着说‘那我替她好了’，刚说完，姐姐就不见了！呜呜……”

这到底是怎么回事呀？

“哈哈，这回你们着急了吧？”正在我和简彤面面相觑，不知道该如何是好的时候，那个很久没有出现的捣蛋精灵竟然又出现了。

“哈哈，你是不是以为我会从此消失？想让我消失，哪有那么容易。”

“是你抓走叶小米的吗？赶快把她放回来！”简彤才不管眼前这个家伙究竟是谁呢，她毫不客气地以命令的口气对捣蛋精灵说道。

“放回来？嘿嘿，这可是她自己说的，要代替卖火柴的小女孩，我只不过是满足她的愿望罢了。”

“不好！如果叶小米真去代替卖火柴的小女孩，那么她的处境不是很危险吗？”简彤满脸焦急地对我说。

这我当然知道了。“那你说，我们怎样做才能让叶小米回来呢?”没别的办法,只能看眼前这个“久别重逢”的捣蛋精灵究竟打什么主意了。

“想把她救回来,你们必须按照规矩闯关成功,否则你们的朋友就必须代替卖火柴的小女孩,经历你们所熟悉的那个故事中的一切了,哈哈哈!”捣蛋精灵不怀好意地看着我和简彤。

“你说吧,到底是什么规矩?”我们没有其他选择,只能接受捣蛋精灵的挑战。

“看来你这几年的进步不小。既然这么有勇气,那就听好了。你也看到了,我的快闪技术现在更厉害了,已经达到了3600千米/时的速度。我只用了4秒钟,就从捣蛋精灵基地来到了这里,你能说出捣蛋精灵基地距离这里有多远吗?”

“这有什么难的?不就是个乘法。”我和简彤同时说道。当我们说出答案后,周围的环境发生了变化,我们已经不在叶小米家里,而是在一个完全陌生的地方,这里的房屋和街道看起来和《卖火柴的

小女孩》书中图画的样子一模一样。

“你是一个说话不算数的捣蛋精灵！”我生气地说。

“哈哈，你想得也太简单了，才答对一道题就想把叶小米救回去吗？你们要在这里找到她，然后三个人一起闯关，只有闯关成功了，才能重新回到你们的世界。”空中飘荡着捣蛋精灵得意的声音。

“别跟他废话了，我们还是好好地回忆一下书中卖火柴的小女孩附近街道的模样吧！”关键时刻，简彤这丫头沉着冷静，让人刮目相看。

我们凭着对故事内容的记忆，沿着街道四下寻找叶小米的身影。这时，我忽然听到一个柔弱的声音：“火柴……谁要火柴……”我和简彤太熟悉这个声音了，我们急忙循着声音的方向跑过去。

果然，我们看到了眼泪汪汪的叶小米。她正缩着身子蹲在墙角里，带着哭腔叫卖着火柴。看到我和简彤，叶小米又惊又喜地说：“你们真的来找我了，我真是太高兴了！”说完就又哭起来。

简彤拉着叶小米的手一通安慰，我看时间也不早了，于是对她们说：“我们还是快想办法离开这里吧，耽搁的时间长了，我们三个可都回不去了。”

“想回去？你们必须把叶小米手中的火柴以每根3分钱的价格卖出去，卖够7.08元。记住了，是

7.08 元，一分不能多，一分不能少，这样你们才可以获得进一步的提示。”空气中又响起捣蛋精灵的声音。

我和叶小米一听，急忙叫卖起来，可是简彤却说：“慢着，我们还是先数一数这些火柴到底有多少根吧！”她说得有道理，如果卖多了钱，我们还是得不到进一步的提示。于是我们三人把火柴数了两遍，都是 240 根。简彤从这些火柴中又拿出了几根，说道：“好了，现在我们可以卖火柴了！”

我们三人各自拿了一些火柴沿街叫卖。我可从来没有做过这样的事情，感觉很难为情。这时，我忽然看到一个小男孩追着皮球跑到了大街上，此时正好有一辆马车冲了过来，小男孩还不知道他所面临的危险。情急之下，我以百米冲刺的速度跑过去，抱起小男孩滚到了路边。

虽然我和小男孩的衣服都弄脏了，但好在我们都没有受伤。这时，马车也停了下来，从车里走出一位穿着讲究的绅士。他摸着我的头称赞道:“真是个勇敢的孩子!”看到我掉了一地的火柴,绅士对我说:“我可以帮你什么忙吗?”

“我要卖掉火柴,可这些火柴都弄脏了……”我有些为难地对他说。

“没关系,你的火柴我都买下了!”他微笑着对我说。

我一听,高兴极了,连忙对绅士说:“可以麻烦您等我一会儿吗?我还有两个小伙伴,她们也在卖火柴。”见绅士微笑着点头,我找到简彤和叶小米,拉着她们来到绅士身边。

我将简彤手里的 69 根火柴、叶小米手里的 72 根火柴,连同我手里的 80 根火柴一同递给了绅士。

绅士把钱递给我们,简彤和叶小米一再地对他表示感谢,而他却拍了拍我的肩膀说:“你们不用谢我,倒是我应该好好地谢谢这个孩子。”随后他就和

我们告别,上车离开了。

简彤和叶小米好奇地问我:“为什么这位绅士肯帮助我们呢?”我有些得意,就把刚刚发生的事情和她们讲了一遍。

“想不到你还挺勇敢的。”能得到简彤的夸奖可不容易。

“是啊,我们真是太幸运了。没想到一个意外,竟然让我们顺利完成了捣蛋精灵的‘刁难任务’,这就叫‘天无绝人之路’。”危机过后,再回想起刚刚的经历,我不由得为自己见义勇为的行为感到骄傲。

“别得意了!我们还是赶快找到捣蛋精灵,让他把我们送回去吧!”简彤的一句话,把我从飘飘然中拉回了现实世界。

题目1 捣蛋精灵快闪的速度为3600千米/时，他用了4秒钟就从捣蛋精灵基地来到了叶小米家，你能说出捣蛋精灵基地距离叶小米家有多少米吗？

题目2 捣蛋精灵规定每根火柴的价格是3分钱，要求陶小乐、叶小米、简彤卖够7.08元。简彤为了保证卖的钱数分毫不差，在确定火柴总数是240根后，又拿出了几根。你知道简彤到底拿出了几根火柴吗？

题目3 陶小乐手里剩下80根火柴，简彤剩下69根火柴，叶小米剩下72根火柴。你知道他们之前一共卖了多少钱吗？

原来如此

题目 1

1 小时 =3600 秒

3600 ÷ 3600=1(千米)

1 × 4=4(千米)=4000 米

题目 2

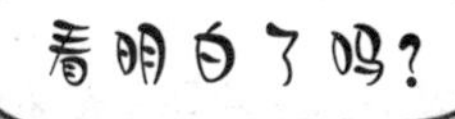

7.08 元需要卖掉的火柴数为：

7.08 ÷ 0.03=236(根)

240−236=4(根)

题目 3

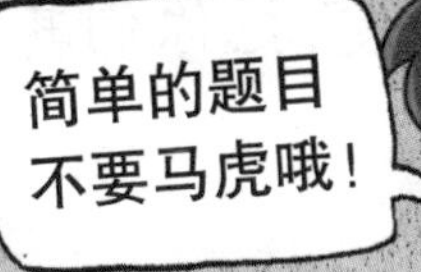

陶小乐、简彤和叶小米三人之前卖掉的火柴数为：

236−80−69−72=15(根)

15 × 0.03=0.45(元)

第二章 捣蛋精灵重现江湖(下)

我们本以为按照捣蛋精灵的要求卖够 7.08 元,就可以回到自己的世界,没想到他竟然再次食言,我们被一阵大风刮到了一片陌生的森林里。

正在我们不知所措的时候,突然听到一声吼叫,从森林里冒出一个恐龙似的大怪兽!它的脚步可真重啊,每迈出一步,大地都被震得直晃。我们除了赶快逃跑,没有别的选择。好在那个怪兽的动作还算缓慢,我们三人总算侥幸逃脱。

“哈哈,你们害怕了吧!”这时,空中又传来了捣蛋精灵的声音,“我再给你们一次机会,你们可以用你们的一个朋友,把你们其中的任何一个人换回去。快做选择吧!”

这是什么意思?难道是要用窦晓豆或者胡聪聪

和我们三个中的一个交换吗?

我提议让胡聪聪和爱哭鬼叶小米交换,可是平时柔柔弱弱的叶小米此刻却坚定地说:“那怎么行,都是因为我才发生了这种事,怎么能让我回去,把其他人再拖进来呢。我不同意!”

简彤也同意我的提议,她对叶小米说:“陶小乐说得对,何况你家里还有一个小表妹需要照顾呢。你还是回去好好地照顾她,我们一定会想办法回去的。”

“你们是不是觉得我在这里是个麻烦?”

其实叶小米还真说对了一点点,我确实觉得她太爱哭了,这种环境不适合她。不过我嘴上可不能说出来,那样会让她更难过。

“你们决定好和谁交换了吗?”捣蛋精灵已经不耐烦了,开始催促起来。

没时间磨蹭了,简彤大声说道:“我们决定让胡聪聪换叶小米!”

“哦，是那个傻小子呀！哈哈，好啊，我倒要看看他这两年是不是也有点进步了呢？不过，如果就这么轻松地让你们交换成功，也不是我的风格，你们还是要回答出我的问题才行。听好了，我的体重是 9.5 千克，我爷爷的体重是 134.9 千克，我爷爷的体重是我的体重的多少倍？”

“这个简单，不就是除法嘛！”简彤一边说，一边计算起来。当简彤把正确答案说出口时，只见叶小米周围刮起了一阵大风，风停了之后，叶小米不见了，取而代之的是胡聪聪一脸迷茫地站在那里。

我和简彤对胡聪聪说明了情况。胡聪聪听着听着，忽然叫道：“不好了！我来倒是没关系，可是万一捣蛋精灵又说话不算数，把叶小米送到其他地方可怎么办呢？”

听胡聪聪这么一说，我和简彤立刻紧张起来。是啊，刚才我们都太希望让叶小米回去了，怎么就没想到捣蛋精灵是个不讲信用的家伙呢！

“哈哈，你们现在才想起来问我，可是已经来不及了。叶小米已经被我送到‘6174数字黑洞’里了，哈哈哈！”得意的捣蛋精灵直接现身，还一脸嘲笑地看着我们。

我指着他愤怒地喊道：“你为什么说话不算数？”

"让我说话算数？你们是不是太天真了，我可是捣蛋精灵呀！还记得当初你们和飞天超联手，把我害得多惨吗？这次我一定要让你们吃点苦头。"捣蛋精灵恶狠狠地说。

这家伙真是太可恨了。不过现在也不是生气的时候，我、简彤、胡聪聪急忙商量对策。

"这个黑洞到底在哪儿呢？"胡聪聪急得直挠头。

"这个数字黑洞听起来很耳熟。"简彤说。

听简彤这么一说，我忽然想起来了。上数学课时，狄老师给我们讲过一次神奇的数字黑洞，特别是关于三个不重复的一位自然数和四个不重复的一位自然数组合后，用组出的最大数减去组出的最小数，如此不断地进行下去，三位数总会出现 495 这个数，而四位数总会出现 6174 这个数。

看样子简彤也想起来了，于是我们就把捣蛋精灵说的"6174 数字黑洞"和狄老师上课时讲过的这个神奇的数字现象联系到一起。

忽然，我的脑海中灵光一闪，于是我对大家说："我觉得这个数字黑洞并不是什么真正的山洞，而是一个虚拟的洞。捣蛋精灵一定是用了什么咒语，把叶小米关进了这个虚拟的'洞'里。他不是说这个洞叫'6174 数字黑洞'吗，那我们就试试狄老师讲的那个方法，用任意四个一位自然数组合成的最大数减最小数的方法，分别设计一道题，答案是6174，看看能不能破除捣蛋精灵的咒语！"

"这办法能行吗？"胡聪聪有些不自信。

"管不了那么多了，现在只能先试试陶小乐的办法了。"简彤很果断地支持我的建议，于是我们每人都设计了一道这样的题目。

我随便选了个 4、8、9、2，简彤选的是 5、4、8、1，胡聪聪选的是 3、1、5、9。

我把 4、8、9、2 排成最大数是 9842，最小数是 2489，列出 9842-2489=7353。然后再用 7、3、5、3 这四个数字排出最大数是 7533，最小数是 3357，列出 7533-3357=4176。接下来,我又用 4、1、7、6 这四个数字排出最大的数是 7641，最小的数是 1467,列出 7641-1467=6174。哈哈,记得当初狄老师讲,不超过 7 步就能得出这个结果，想不到我选的这四个数字这么快就得出了这个无限重复下去的数。

再看简彤选择的四个数字 5、4、8、1,排出的最大数是 8541,最小数是 1458,列出 8541-1458=7083。排出最大数 8730 和最小数 3078,列出 8730-3078=5652。排出最大数 6552 和最小数 2556,列出6552-2556=3996。排出最大数 9963 和最小数 3699,列出 9963-3699=6264。排出最大数 6642 和最小数 2466,列出 6642-2466=4176。排出最大数 7641 和最小数 1467,列出 7641-1467=6174。简彤选的数字真麻烦啊,算了这么多步,才得出 6174 这个无限循环的数。

最后再看看胡聪聪这四个数字的计算结果。3、1、5、9 组成的最大数和最小数相减是 9531-1359=

8172,列出 8721−1278=7443,列出 7443−3447=3996,列出 9963−3699=6264,列出 6642−2466=4176,列出 7641−1467=6174。

胡聪聪的算式刚一解出,天空中出现了一道亮光,晃得我们睁不开眼。渐渐地,强光消失了,我们看到叶小米就站在我们面前,而我们就在她的家中。

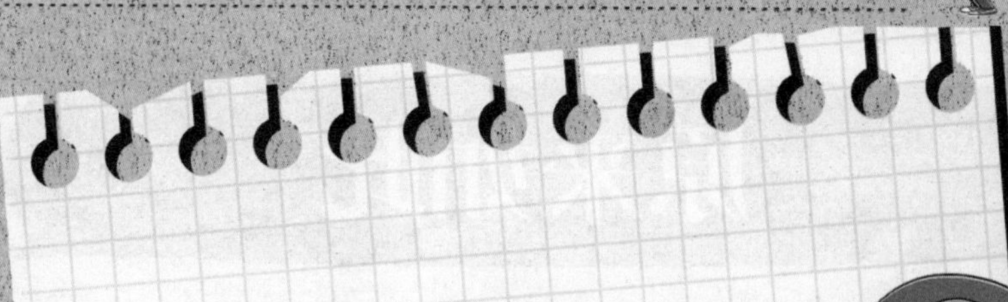

捣蛋精灵的体重是 9.5 千克，捣蛋精灵爷爷的体重是 134.9 千克，捣蛋精灵爷爷的体重是捣蛋精灵体重的多少倍？

原来如此

$134.9 \div 9.5$

```
       14.2
    ______
95 / 1349
     95
    ______
     399
     380
    ______
      190
      190
    ______
        0
```

$134.9 \div 9.5 = 14.2$(倍)

还是实际点吧，你的想象力也太丰富了！

为了便于计算，可以把除数和被除数同时扩大10倍！

第三章 重返神奇大厦（上）——爱打喷嚏的小精灵

“今天我要向你们介绍一个神奇的字母——x。”数学课上，狄老师开门见山地说。只见他的手一挥，教室上空浮现出一个大大的“x”。

“‘x’这个字母经常用来表示未知的意思，比如有一部很老但也很有名的电视剧叫《X档案》，之所以叫这样的名字，就是因为这部电视剧讲的都是一些在地球上发生过的、到目前为止人类还无法解释的事情。不过‘x’在数学上可是我们追求的目标，也就是说，我们最终要弄清楚这个‘x’到底是何方神圣。”

“狄老师，在课堂上讲多枯燥呀，您还是带我们去个好玩的地方吧，我们可以一边听课，一边玩耍。那样多有意思啊。”窦晓豆的提议一出口，同学们都随声附和起来。

“即使你们不说，今天我也要带你们去个“老地方。”

“什么地方呀？”

“还记得我们三年级时去过的神奇大厦吗？”

“当然记得了！”同学们立刻沸腾起来，“那里有太多好玩儿的东西了，我们上次还真是意犹未尽呢。”

“那我们就不要再浪费时间了，跟着我在心中默数‘1、2、3’吧。”

哈哈，我们真是太爱狄老师了，也太爱狄老师口中的“1、2、3”啦！随着这声神奇的“1、2、3”，我们再次来到了神奇大厦。

没想到这次来到大厅的竟然只有我、窦晓豆、胡聪聪，以及小眼镜、简彤和叶小米。

这是怎么回事啊？其他同学呢？正当我们疑惑之际，忽然从空中飞过一个小精灵，她严肃地说：

“欢迎你们再次光临神奇大厦，我是神奇大厦新来的保安——恶作剧小精灵。如果你们不能让我满意，我就不让你们玩得痛快。”

被恶作剧小精灵冷不丁地吓了一跳，我们五个还好，只是爱哭鬼叶小米又被吓得哭起来。

“嘻嘻,这个小姑娘怎么这么胆小呀!有趣,真有趣。哭也没用,你们还是要回答出我的问题。听好了,我的左口袋里可乐果的数量是右口袋里可乐果数量的2倍,如果从我的左口袋掏出3个放到右口袋里,那么两个口袋里的可乐果就一样多了。你们知道我的左、右口袋里分别有多少个可乐果吗?”

这个恶作剧小精灵怎么还没等我们喘口气,就开始给我们出难题了呢?

小眼镜丝毫不在意,只是用手轻轻地推了推眼镜,自信地说:“假设右口袋里的可乐果数量为x,左口袋里的可乐果数量就是$2x$。根据从左口袋掏出3个放到右口袋里后,两边口袋里的可乐果数量相等这个条件,就可以列出$2x-3=x+3$这样一个方程式。我们只要求出x的具体数值,不就解决问题了。”

嘿!我不得不在心里暗暗佩服小眼镜,他竟然能在这么短的时间内就想出了计算方法,果然厉害。

“x等于6,所以右侧口袋里有6个可乐果,左侧

口袋里当然就是12个可乐果了。”我也不甘心落在小眼镜后面,急忙说出了答案。

本以为这个恶作剧后小精灵会消失,没想到她身边竟然又多出了一个跟她长得很像的小精灵。我差点以为自己答错了,所以才会又出现一个恶作剧小精灵。可是那个新出现的恶作剧小精灵却说:“哈哈,我是恶作剧小精灵的妹妹,你们刚刚回答出我姐姐的问题了,现在必须回答出我的问题。”

我总算是松了一口气,这说明我们的答案是正确的。

“那你赶快出题吧!”因为答对了上一道题,所以我很有信心,说这话的时候,甚至有点叫板的味道。

“小子,你还挺得意呢。看到我手里的箱子了吗?这里面有两种水果,一种是可乐果,另一种是乐可果,它们的数量是相同的。这个箱子有一个神奇之处,那就是每次都能取出5个可乐果和3个乐可果。现在问题来了，当可乐果被取光时，乐可果还剩6个，请问一共取了几次可乐果就没有了？原来箱子里的可乐果和乐可果各有多少个呢？”

这次我可不能再让小眼镜抢先了！大家都开始认真计算起来。可是还没等我算完呢，小眼镜又抢先说出了答案，这让我心里有点小小的遗憾。

还没等我消化掉心中的遗憾,第三个恶作剧小精灵出现了。这是一个男孩模样的小精灵。他的手里倒是没有箱子，只是张大嘴巴打了一个大大的喷嚏,真是惊天动地,结果又把叶小米吓得眼泪汪汪了。瞧瞧我们六个人的组合,有爱哭鬼,有骄傲大小姐,有三剑客组合,还有小眼镜,就算没有什么恶作剧小精灵出现,也已经够滑稽的了。

“我……我……我也来……阿嚏!阿嚏!我也来出道题……阿嚏!阿嚏嚏……我的题是……阿嚏嚏……”这个恶作剧小精灵简直应该叫喷嚏小精灵。

我们都被这个滑稽的喷嚏小精灵逗得前仰后合,就连叶小米也破涕为笑了。他的两个姐姐在旁边实在是看不下去了,从口袋里掏出一个小药盒,拿出一粒小药丸塞到了他的嘴巴里,总算是让他止住了喷嚏。

“我……我……我来出题!”原来他真是结巴呀!

我们还以为他是因为不停地打喷嚏，所以说话才结结巴巴的呢。我们又忍不住笑成一团。

“别……别……别笑了！如果你们……回答不出问题，你们可就……就……就前功尽弃了。”喷嚏小精灵看到我们都在笑他，气得满脸通红。

叶小米见喷嚏小精灵真的生气了，急忙劝住大家：“你们别笑了。对不起，我们不是故意要嘲笑你的，我们没有恶意。”

“还是这个可爱的小姑娘好。”喷嚏小精灵不再生气了，他继续说道，“我们神奇大厦的大厅面积是180平方米，比楼上每个房间的4倍还多出20平方米。你们能告诉我，楼上每个房间的面积是多少吗？”

奇怪，他怎么不结巴了？估计他也看出了我们的好奇心，不好意思地说：“被漂亮女孩安慰后，我就不结巴了。”

我们都齐刷刷地向叶小米看去，只见她的脸瞬间红成了一个大苹果。窦晓豆和胡聪聪起哄道:“那以后就让叶小米来安慰你吧。”我们又笑作一团。还是小眼镜最冷静了,他催促我们道:“大家快算题吧!”

这道题真简单,只需设楼上每个房间的面积为x,方程式就是$180=4x+20$。

第二个恶作剧小精灵手中的箱子里有两种水果，一种是可乐果，另一种是乐可果，它们的数量是相同的。这个箱子有一个神奇之处，那就是每次都能取出 5 个可乐果和 3 个乐可果。当可乐果被取光时，乐可果还剩 6 个，请问一共取了几次可乐果就没有了？原来箱子里的可乐果和乐可果各有多少个呢？

原来如此

假设恶作剧小精灵从箱子里取水果的次数为 x。
根据题意得：

$$5x=3x+6$$
$$x=3$$

所以原来箱子里的可乐果和乐可果的数量均为：

5x3=15(个)

第四章 重返神奇大厦（下）
——被捉弄的我们

我们顺利地解答完三个恶作剧小精灵的问题后，就由第三个，也就是喷嚏小精灵带着我们在神奇大厦里游玩。

我们很好奇狄老师和其他同学为什么没有出现在这里，喷嚏小精灵说："其实这个神奇大厦有很多空间，虽然你们看不到他们，但是实际上他们也在这个大厅里，只不过是在另外的一个平行空间。"

我好像在什么地方听说过"平行空间"这个词，不过这个回答实在是太深奥了，以我现在的能力，还搞不懂是什么意思。算了，反正狄老师也在这里，我们就没什么可担心的了。

"你要带我们玩什么好玩的游戏呢？"现在，我们的心思可全都在玩上了。

“我带你们去神奇大厦新建的游乐大厅吧。”

我们一听，都高兴得欢呼起来：“好啊好啊！”

“你们别太心急，想去游乐大厅玩个痛快，还是要闯关成功才行。”

“那你就赶快带我们去闯关吧。”胡聪聪可真是大言不惭，之前没有一道问题是他先答出来的。不过大家也不和他计较，反正对他那说大话的特点，我们再熟悉不过了。

我们在宽敞的走廊里走了一段路之后，喷嚏小精灵指着前面说：“瞧，那就是游乐大厅了。”

我们加快脚步跑过去一看，这里也没什么关卡，完全是一条笔直通畅的路。我们继续向前跑去，认为这样就可以直接进入到游乐大厅了。跑在最前面的我好像突然撞到了什么东西，一屁股坐在地上，可是我的眼前根本就看不见任何障碍物。其他人也和我一样，都一个个坐到了地上。这次轮到喷嚏小精灵在空中笑得直翻跟斗了。

“你们几个……哈哈哈……不是让你们别急吗，哈哈哈……”

看他笑得在空中直翻跟斗，我们急忙叫住他。喷嚏小精灵终于停下来，但还是不断地喘着粗气。瞧他那副滑稽可笑的样子，我们很快就忘记了刚刚一屁股坐在地上的窘相。

“这就是第一道关卡。这里的关卡是看不见的，如果硬闯，结果就是刚才那样。”大概是想到我们刚才的样子，他竟然又开始笑着在空中翻跟斗了。

“题目呢？”我们好奇地问。

“你们不是都去过阿尔法星球吗，你们只要说‘我们去过阿尔法星球’，题目自然就出来了。”

“咦，真是奇怪，这里的问题怎么都和阿尔法星球有关呢？”我忽然想起刚才提到的可乐果和乐可果，就是阿尔法星球特有的水果。

“这里本来就是阿尔法星人常来常往的地方。”

这个解释倒也说得通。我们一同说出了“我们去过阿尔法星球”后，果然，在那堵原本看不见的透明墙上出现了一道题：既然你们都去过阿尔法星球，也都知道你们在那里的能量是在地球上的能量的8倍，如果你在地球上的能量点数是500，那么在阿尔法星球上的能量点数是多少呢？

“我知道，这道题的算式应该是500乘以8，结果就是4000。”没想到这么简单的题目竟然被胡聪聪捷足先登了。算了，这么简单的题，答对了也显不出什么本事，就当是我们大家给胡聪聪一个表现的机会喽。

“现在你们可以通过了。”喷嚏小精灵说。

我们小心翼翼地用手试探了一下，确定那堵看不见的墙真正消失后，才蹑手蹑脚地走了过去。这就叫一朝被蛇咬，十年怕井绳。

“这道关卡的出题暗语是——水星。”喷嚏小精灵说道。

“我们是不是到了宇宙大厦了？怎么全是跟宇

宙有关的问题。”窦晓豆嘀咕着。

随着我们说出了“水星”一词后，那堵透明的墙上又显现出一道这样的题目：水星距离太阳要比地球距离太阳近，地球绕太阳一周的时间是365天，比水星绕太阳一周所用时间的4倍还多13天，你能说出水星绕太阳一周要用多少天吗？

“这道题好像很熟悉……对了，跟咱们数学书里的某道题有点类似。”简彤说出了我们心中所想。

“算式是$4x+13=365$吧……”叶小米小声地说道。“对，答案是88天。”窦晓豆紧接着回答道。我们再次闯关成功。

到了第三关了，这次的出题暗语是“地球和阿尔法”。题目的内容是：地球的表面积是5.1亿平方千米，是阿尔法星球表面积的2.4倍，请问阿尔法星球的表面积是多少？

如果在没学方程式之前，这道题可以用除法来计算。如果用方程式表示，就是假设阿尔法星球的

表面积是 x，方程式就是 $2.4x=5.1$，x 等于 2.125。

连闯三关之后，我们终于来到了游乐大厅。这里看上去比之前的大厅还要大许多。不过这也没什么奇怪的，因为这里是神奇大厦。

游乐大厅里不仅有好多好玩的设施，还有好多好吃的东西。有一点我觉得很可惜，就是我们只能在这里吃，而不能带走。如果想要带走，就要用这里的专用代金券。好在喷嚏小精灵给了我们一些代金

券，让我们挑选东西。他还顺便说了句："你们的狄老师那里可没有可乐果和乐可果。"

说者无心，听者有意，我决定把这两种水果都带回去。这里的可乐果标价是每千克5.8元，我买了3千克可乐果和2千克乐可果，给了收银员40元代金券后，又找给我7元钱。这时我忽然想起自己忘记看乐可果的价钱了，这个乐可果到底是每千克多少钱呢？

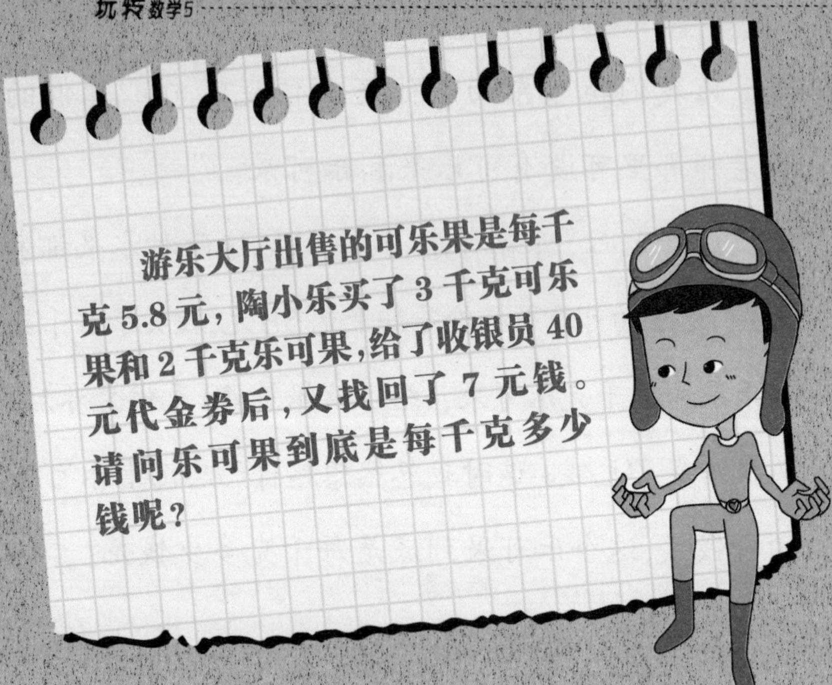
游乐大厅出售的可乐果是每千克5.8元，陶小乐买了3千克可乐果和2千克乐可果，给了收银员40元代金券后，又找回了7元钱。请问乐可果到底是每千克多少钱呢？

原来如此

买 3 千克可乐果所用的钱数为：

$$5.8 \times 3 = 17.4(\text{元})$$

陶小乐一共花掉的钱数为：

$$40-7=33(\text{元})$$

买乐可果所用的钱数为：

$$33-17.4=15.6(\text{元})$$

乐可果的单价为：

$$15.6 \div 2 = 7.8(\text{元})$$

第五章 大脚鲍比家周围的迷魂阵

好久没有见到布拉布拉小魔女和飞天超了，不知道他们现在怎么样了。他们是不是太忙了？为什么都不来找我玩了呢？

我今天本来是想问问狄老师的，可是狄老师总是被很多同学围着，好不容易找到一个单独跟狄老师说话的机会，还没等我开口呢，又有同学找他问问题。

晚上睡觉前，我躺在床上，想着要不要用布拉布拉小魔女送给我的那个小魔球呼唤她。之前我是很少用到这个小魔球的，因为怕给她添麻烦，再说又没有特别重要的事情。

唉，还是别打扰她了。想到这里，我闭上眼睛准备睡觉。

“陶小乐！”

哈哈，真是心想事成，不用睁眼，我就知道这声音一定是布拉布拉小魔女。我高兴得从床上蹦起来，欢呼着说：“魔女姐姐，我真是太想你了，你怎么这么久都不来看我呢？”

“陶小乐，你还挺重情重义的。我以为你有了亲爱的狄老师，就把我们这些老朋友都抛到脑后去了呢。”

“我怎么可能忘了你们呢。我真的很想你，还有飞天超、大脚鲍比、小松鼠……”见到布拉布拉小魔女，我真是有一肚子的心里话要说。

“好啦，我知道你的心情，我们也很想你。这次就是飞天超和大脚鲍比让我来带你过去的。”

“是不是他们又遇到什么麻烦了？”我急忙问。

“瞧你这话说的。看来跟着狄老师没少学东西，是不是觉得自己现在的本事不小了，可以到处帮忙了？”

被布拉布拉小魔女这么一说，我还真有点不好意思。我吐了吐舌头说：“当然不是了，我就是太想你们了，也很担心你们。”

“让你猜对了，这次还真是要找你帮忙。大脚鲍比所在的森林中来了一个怪怪精灵，虽然她并不坏，但脾气却很古怪。其实她和我、飞天超都是老熟人，所以我们都不好掺和进去，只有找你帮忙了。”

“能给大脚鲍比帮忙，是我莫大的荣幸。”

布拉布拉小魔女拉着我的手，一路飞往大脚鲍比所在的森林。我发现大脚鲍比家周围被很多奇怪的形状包围着，有三角形、长方形、正方形，还有梯形。这是怎么回事呢？

“这就是怪怪精灵设下的迷魂阵。她刚来到这个森林的时候，大脚鲍比正好得了感冒，就没有前去拜访她。怪怪精灵觉得大脚鲍比没把她放在眼里，就故意设置了这个迷魂阵，让大脚鲍比进出家门都变得非常困难。”

“怪怪精灵也太小心眼了吧！大脚鲍比得了感冒，又不是故意轻视她，她为什么还要这么为难人家。”我觉得怪怪精灵做得有点过分了。

“怪怪精灵的本性不坏，就是脾气有点古怪。既然大脚鲍比不知道怎么办才好，那你就出面帮他解决问题吧。”

这还用说吗，我肯定会全力以赴的。只是这个迷魂阵看着怎么有点眼熟呢？虽然我已经看见大脚鲍比站在家门口朝我招手了，但是想穿过这个阵形实在是太难了。看来我只能在帮助大脚鲍比解决问题之后，才能和他叙旧了。

“怪怪精灵就在这附近，我就不留在这里了，否则她恐怕认为我也轻视她了呢！”小魔女捂着嘴笑起来，“你去叫阵吧，我先走了，万一怪怪精灵觉得我是在这里帮忙的，肯定又会增加阵形难度的。为了保证你能顺利完成这个任务，暂时保留你的独自飞行能力，这也有利于你解开迷魂阵。”说完，布拉布拉小魔女就飞走了。

“尊敬的怪怪精灵，您能出来吗？”既然布拉布拉小魔女说她脾气古怪，那我就干脆特别表示一下尊重，我可不想让她把这些阵形升级了。

果然，一个衣着古怪的精灵阿姨出现在我面

前:“你这个小鬼,是大脚鲍比请来的救兵吗?”

“救兵不敢当,只是我和他是好朋友。现在他被您布下的迷魂阵困在家中,出行很不方便。您能不能告诉我,怎样才能解除这些迷魂阵呢?”我说话格外小

心谨慎，生怕自己不小心得罪了怪怪精灵。

“嗯，你这个小鬼倒是挺有礼貌的。不过我也不会主动撤走这个阵形，你必须将阵形的面积一一说出来。只要你都说对了，这些阵形自然就会消失。”

“哦，那我就进去看看，再想办法算出来吧。”看到怪怪精灵点头，我才敢走近那些阵形。

这个迷魂阵是走不进去的，这时我忽然想到布拉布拉小魔女保留了我独自飞行的能力，所以我就可以在空中研究阵形了。我仔细地查看了迷魂阵，终于发现了它的秘密所在。其实它就是一个七巧板形状的长方形组图，我刚才没能一下认出来，是因为大脚鲍比家也在其中，挡住了图形的一部分。

这次我看得很清楚，迷魂阵里还用不同颜色的花朵组成了数字。按照它所提供的长、宽、高，我想我一定能算出这个阵形中所有图形的面积。

看我一副胸有成竹的模样，怪怪精灵说道：“你要注意了，除了整体的，还有那些分开的图形，你

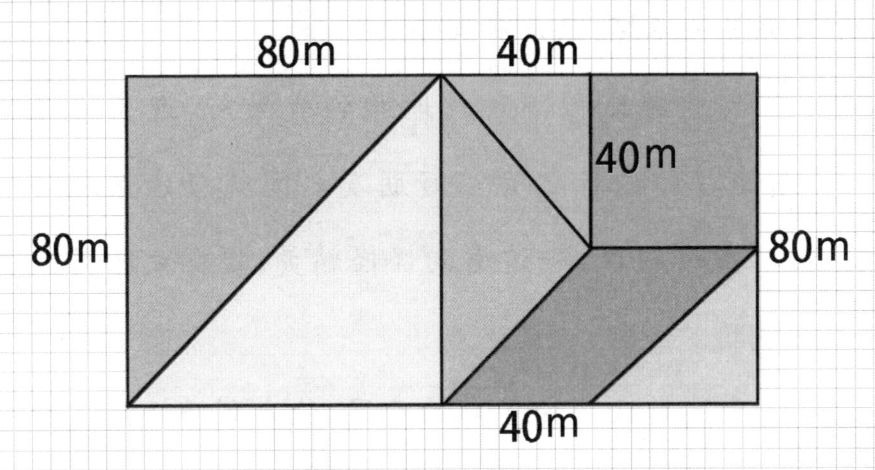

都必须算出它们的面积。如果漏算了，阵形就会自动升级为更复杂的。”

听怪怪精灵这么一说，我又仔细研究起来。是啊，这些由不同花色组合成的阵形，在我不经意间又变成其他阵形了。对了，这里应该还有三个梯形呢。我可得看仔细了……

经过一番仔细的观察和研究，我对这个迷魂阵的阵形已经有了准确的认识，再通过认真计算，我终于回答出了怪怪精灵的所有问题。

怪怪精灵也很讲信用，她撤掉了大脚鲍比家周围的迷魂阵。布拉布拉小魔女说得果然没错，这个怪怪精灵并不坏，只是有点怪。

大脚鲍比蹦蹦跳跳地跑到我面前，连声说着“谢谢”。“谢什么呀？好朋友之间就应该互相帮助。”我一边说，一边看向怪怪精灵，还向大脚鲍比眨眼睛。

大脚鲍比明白了我的意思，他走到怪怪精灵身边，对她说：“怪怪精灵，真对不起，您来的时候，我正好感冒了，所以没能及时拜访您。”

怪怪精灵并没有说话，而是朝空中一挥手，只见大脚鲍比家上空瞬间落下了五彩缤纷的花瓣雨。

你能看出怪怪精灵布下的迷魂阵中有多少个正方形，多少个梯形吗？然后根据图形提供的数字，算出这些正方形的具体面积，最大梯形的具体面积。

原来如此

正方形有3个，分别是两个大正方形和一个小正方形。下面让我们分别算一下它们的面积。

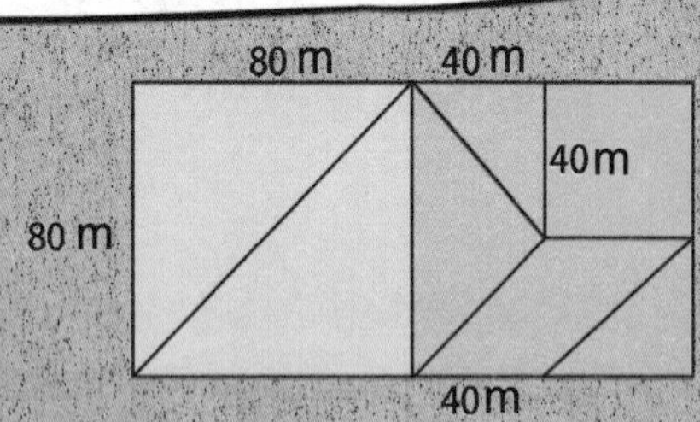

$S_{正方形大} = 80 \times 80 = 6400(m^2)$

$S_{正方形小} = 40 \times 40 = 1600(m^2)$

梯形有5个，你看出来了吗？

$$S_{最大梯形} = (40+40+80+80) \times 80 \times \frac{1}{2} = 9600(m^2)$$

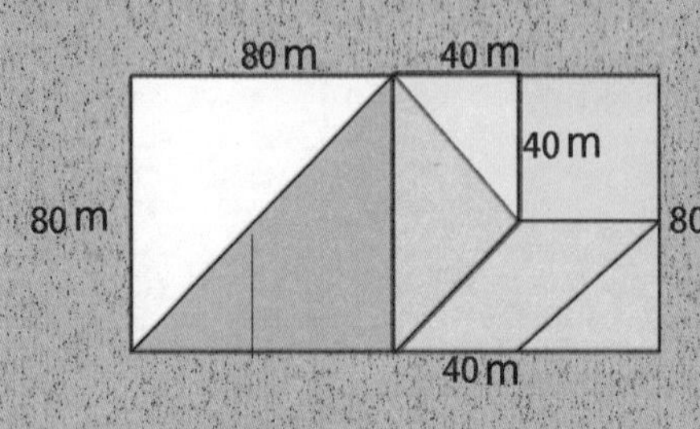

开动脑筋，你能计算出另外4个梯形的面积吗?

第六章 不公平的游戏

“陶小乐、窦晓豆、胡聪聪，你们三个还记得三年级的那个夏天，在江边遇到骗子的事情吗？”这是狄老师在今天数学课上的开场白。

虽然我们并不明白狄老师为何重提这件事，但我们知道他肯定有自己的用意。那天发生的事情，我们又怎么可能忘记呢。

“你们谁来讲讲那个骗子的事？”

“我！我来讲吧。”我抢先说道，“事情是这样的，那天我和窦晓豆、胡聪聪一起到江边玩，看到一个人摆了一个钟表式的大转盘，上面标着从 1 到12 这些数字，并且每个数字上都标着中奖物品，有手机、电冰箱、口香糖、铅笔刀，等等。玩游戏的人只要转动转盘，转盘停止后，指针指到哪个数字，就按顺时针

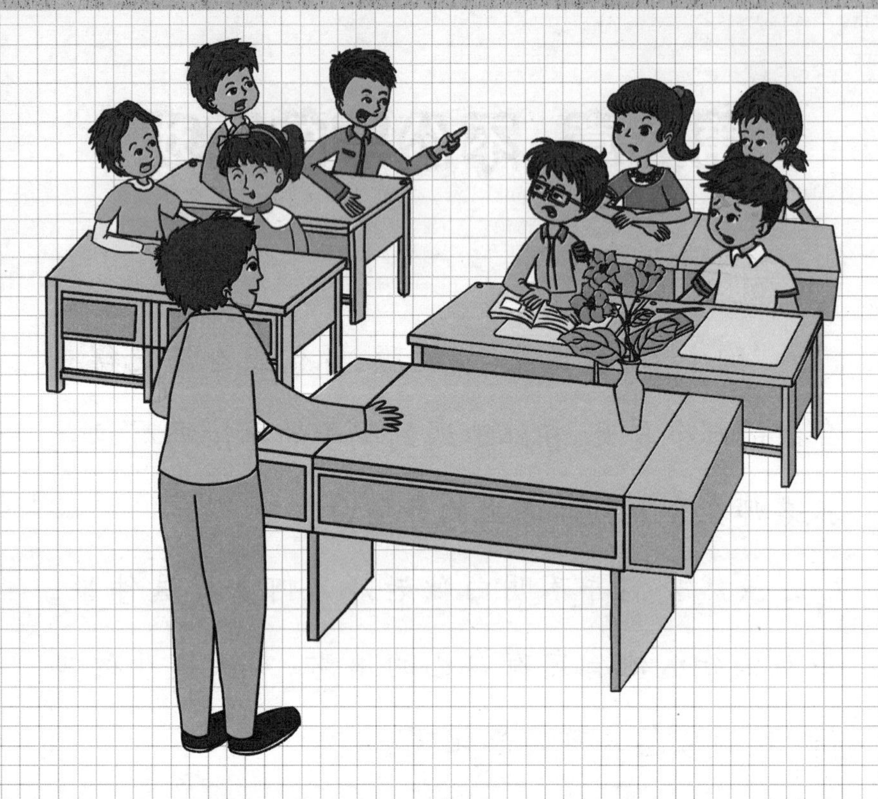

方向往前数几个数。如指针指到3的位置，就向前数三个数，也就是6，那么6这个位置上所标注的奖品就属于玩游戏的人了。两块钱玩一次，还有机会得到大奖，所以玩的人很多。不过所有玩游戏的人最后都只得到了一些不值钱的小东西……”我一口气把整件事情详细地叙述了一遍，特别是讲到狄老师出现的那一段，就跟说评书似的，那叫一个绘声绘色，连

我自己都不得不佩服我的口才。

就在我讲完后，狄老师一挥手，教室里立刻出现了当初我们见到的那个游戏转盘的模型。

“大家都看到了吧，所有大奖都标注在单数的位置上，而双数的位置上都是些不值钱的小玩意儿，大家有没有发现什么猫腻呢？”

“我知道了，因为单数加单数是双数，双数加双

数还是双数，所以无论指针指到哪一个数字，再往前数同样的数，都一定是双数。根本不存在出现单数的机会，也就没人能赢得大奖了。”小眼镜冷静地分析了一番，竟然说得头头是道。

“现在大家都知道了，这个游戏是绝对不公平的，那么还有哪些游戏是不公平的呢？现在同桌之间可以设计几个不公平的游戏。”

我急忙思考起来，小眼镜却迅速拿出三张纸片，分别在上面写下“1、2、3”三个数字，然后对我说：“陶小乐，我们用这三个数字分别组成一个百位数，如果是单数，就算是我赢，双数就算是你赢。”

看到小眼镜那副神气的样子，我刚想说“玩就玩，谁怕谁”，可是忽然觉得这里好像有什么不对劲儿的地方。“哎呀，你使诈！”嘿，这个小眼镜，平时看上去一副正直又斯文的样子，原来耍起心眼儿来还真够神速的，真是“人不可貌相”。

小眼镜却嘿嘿一笑：“这可是狄老师布置的

任务。”

“这个谁不会呀。”我拿出一块长方形的橡皮，在四个窄面分别写上“1、2、3、4”四个数字，在两个大面分别写上“5、6”两个数字。“怎么样，咱们用这块橡皮当骰子，扔到‘1、2、3、4’任何一个数字朝上都算你赢，只有‘5、6’朝上的时候才算我赢。你看，我多么‘大公无私’，我才两个面，给你四个面，比我的多一倍呢。”小眼镜当然知道这里面的玄机，所以我们俩都笑了。

“让我们再来一次！”只见小眼镜拿出美术课用的彩笔，在纸上迅速画出一个圆，圆上也有一个指针，只不过有好几条直线从这个圆的中心穿过，他又把圆的每一个部分都分别涂成了不同的颜色。

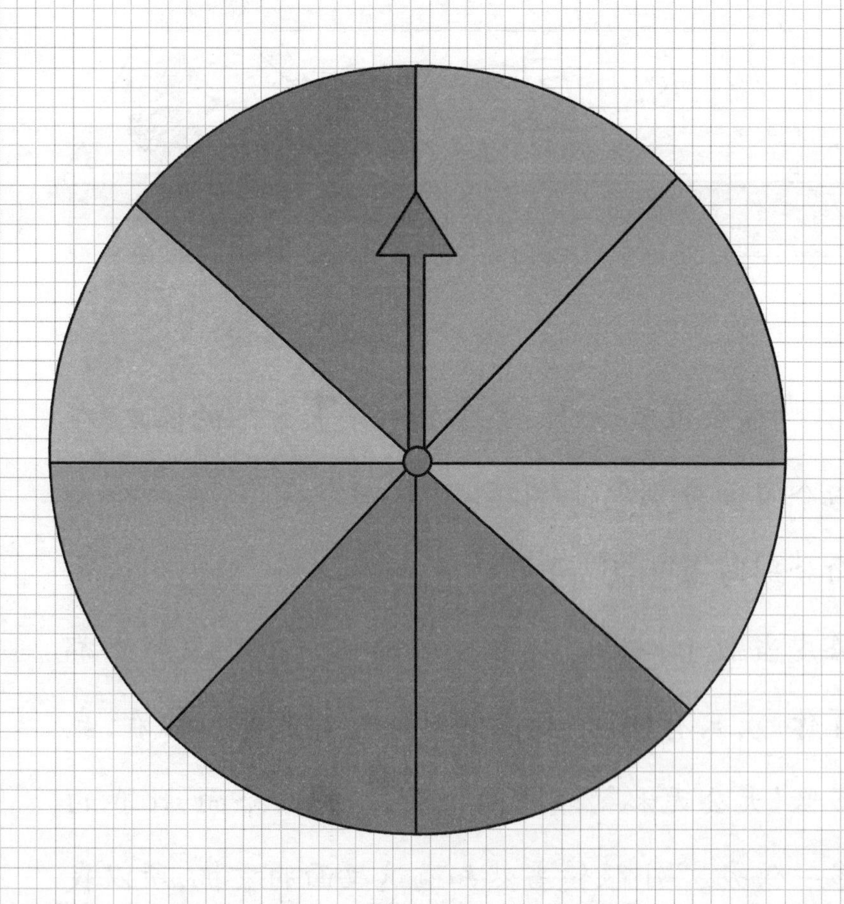

“让我们来算一算，如果指针转动80次，那么它停在每种颜色上的次数分别是多少呢？”我们俩开始认真计算起来。

计算过后，我又迅速地在纸上写下了“2、3、7、8”四个数字，然后撕成四张卡片。我对小眼镜说：“我们任意抽出两张卡片，如果这两个数字的乘积是2的倍数，就算我赢。如果乘积是3的倍数，就算你赢。”

“如果这个乘积既是2的倍数，同时又是3的倍数呢？”小眼镜沉思了片刻对我说。

看来我的计谋又被小眼镜看穿了，我冲着他吐了吐舌头。我发现狄老师布置的这个任务，倒是很能拉近同桌之间的距离。

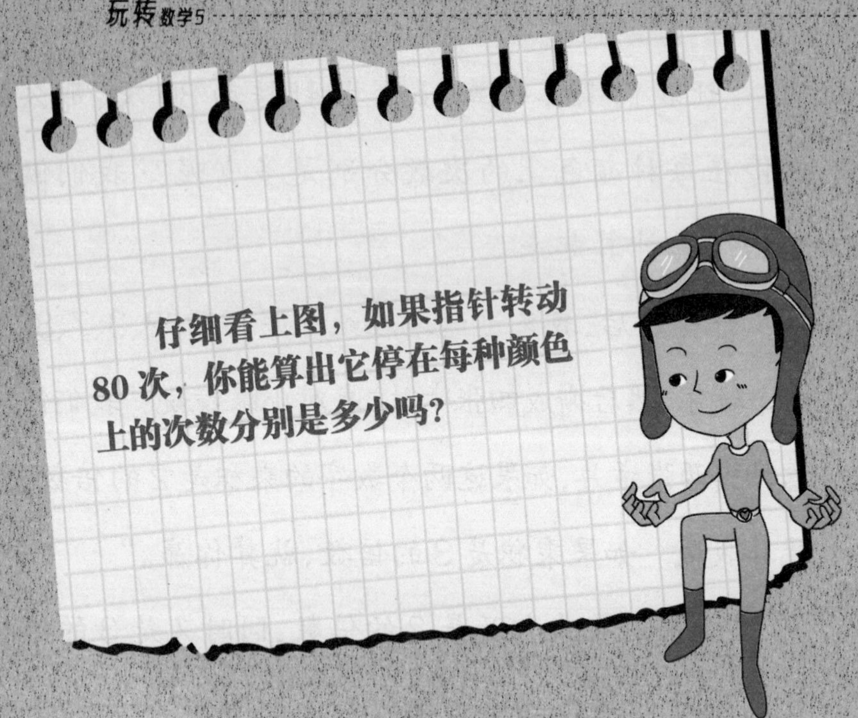
仔细看上图，如果指针转动80次，你能算出它停在每种颜色上的次数分别是多少吗？

原来如此

我们可以看到，这是一个被平分成 8 等份的圆形。上面有两块($\frac{2}{8}$)粉色，三块($\frac{3}{8}$)绿色，三块($\frac{3}{8}$)紫色。大家都知道硬币有正反两面，每掷一次硬币，出现正反面的概率都是$\frac{1}{2}$。那么在这个圆盘上，每转动一次指针，指向粉色区域的概率就是$\frac{2}{8}$，指向绿色区域的概率就是$\frac{3}{8}$；指向紫色区域的概率也是$\frac{3}{8}$。要想知道转动 80 次指针指向各种颜色区域的可能次数，就用 80 乘以每种颜色所占整个图形的面积。

粉色：$80\times\frac{2}{8}=20$(次)

绿色：$80\times\frac{3}{8}=30$(次)

紫色：$80\times\frac{3}{8}=30$(次)

第七章 名侦探的一天

星期天的上午，我和窦晓豆约好了出去玩。我们现在已经是五年级的学生了，爸爸妈妈允许我们可以在没有家长的陪同下，走得稍微远一点了。你是不是想知道我们三剑客怎么少了一个呢？其实胡聪聪原本是要和我们一起玩的，可是昨天晚上，他突然给我打了个电话，说今天有很重要的事情，不能和我们一起玩了。我问他有什么事情，他死活不肯说。

我和窦晓豆一边走，一边研究着该去什么地方玩耍。走着走着，我忽然看见前面不远处有一个熟悉的身影。“那不是胡聪聪吗！”我指给窦晓豆看。

“他不是说有非常重要的事情嘛，怎么也在大街上闲逛呢？我们叫住他问一问。”

这时，我忽然冒出了一个好主意，于是赶快拉住窦晓豆说："反正我们还没想出具体去哪儿玩，不如干脆跟踪这家伙，看看他到底背着咱们搞什么神秘活动。"

"好，我同意！我们俩就当一次名侦探吧。"

于是我和窦晓豆一起悄悄地跟着胡聪聪。只见他左拐右拐，来到了一个楼门前。在进门之前，他还左右张望着，似乎是在看有没有人跟踪他。难道胡聪聪真有什么不可告人的秘密吗？

我和窦晓豆见胡聪聪已经进去了，便推开了楼门。大厅里并没有工作人员，还堆了不少装修材料，看来这里还没完工呢。为什么胡聪聪会到这个没有完工的大楼里来呢？我们越来越好奇了。

不知是什么原因，这里的大部分工程都停了。因为担心被胡聪聪发现，我和窦晓豆等他进去一会儿之后才跟进来，所以我们面对着空荡荡的大厅，不知道该往哪个方向走。

正在犹豫之际，楼上传来了说话声。虽然说话的声音并不大，但因为整栋大楼都是空荡荡的，所以在回声的作用下，还是传到了一楼。我和窦晓豆蹑手蹑脚地找到楼梯，上了二楼，这时说话的声音更近了，也更清晰了。只听一个男人说："聪聪，你一个人能解决这个问题吗？"随后就是胡聪聪的说话声："能！"听到胡聪聪一如既往的信心满满的口气，我和窦晓豆忍不住笑出了声。

"谁呀？"

糟糕，被人发现了！我们俩转身想跑，可是胡聪聪和一个男人已经出现在门口。唉，真是一次失败的侦探行动。

“你们俩怎么在这儿？”胡聪聪疑惑地问。

“谁让你神秘兮兮的，还说什么非常重要的事。我们看见你在大街上鬼鬼祟祟的，就跟过来看看你到底在搞什么名堂。”既然已经被发现了，干脆也别躲了。

“你们是聪聪的朋友吧？我猜猜看，你们就是三剑客喽。”那个男人看着我们，笑呵呵地说。

“还三剑客呢，我看他是想独闯江湖了，竟然瞒着我们搞秘密行动。”窦晓豆理直气壮地说。看来他已经忘了，我们俩可是悄悄跟着人家进来的呀。

“哦，哈哈，原来是这么回事。既然你们也来了，那就一起解决问题吧。对了，忘了自我介绍了，我是聪聪的叔叔。”

“胡叔叔好！”我和窦晓豆急忙打招呼，“胡叔叔，我们俩就这么不请自来，会不会打扰你们呢？”乖巧、懂事是我们必备的礼貌。

“怎么没打扰呢。你们这么一来，把我的计划都破坏了。”没等胡叔叔说话，胡聪聪就抢着说道。

“哈哈，没关系。聪聪，你是不是担心如果不是你一个人做出来的，叔叔就不给你买相机了？放心，只要你们能完成任务，叔叔就一定会给你买相机。”

原来这就是胡聪聪的秘密呀。

“既然胡叔叔都这么说了，那我们算是来对了。人多力量大嘛，还能帮到你。”我对胡聪聪做了个鬼脸。

事已至此，胡聪聪向我们简单地介绍了一下到底要做些什么。原来这个房间要铺一些宝蓝色和白色的地砖，有边长 10 厘米的等腰直角三角形地砖，还有一些底为 20 厘米、高为 10 厘米、一个角为 45°的宝蓝色平行四边形地砖。胡叔叔想看胡聪聪用什么方法拼出不同的图案，再算出这个房间拼出

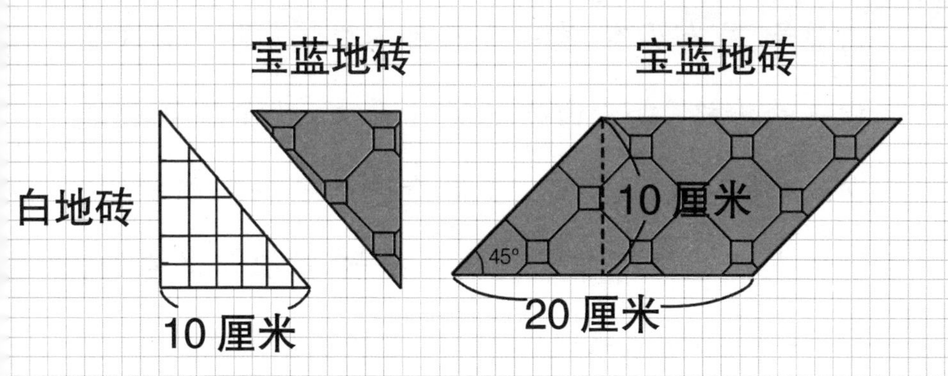

该图案具体需要多少地砖。

我看了看胡叔叔，又看了看胡聪聪，心想胡叔叔心里肯定早就有答案了，他只不过是想找个理由，让胡聪聪觉得是靠自己的力量得到相机的吧。我又看了看胡叔叔的表情，更加确定我猜得没错。

不管胡叔叔是怎么想的，我们还是帮助胡聪聪完成赢得相机的心愿吧，这才是目前的重点。俗话说“三个臭皮匠，赛过诸葛亮”，我们三剑客一起上阵，问题很快就解决了。胡叔叔很满意，决定带我们去商业街买相机，顺便请我和窦晓豆吃饭，毕竟我们也是帮了大忙的。

我们先来到卖相机的地方，这里的相机从品牌到型号，应有尽有，真是令人目不暇接。再一看这些相机的价格，我不由得吐了吐舌头。几千块钱都是少的，动不动就上万。我偷偷地瞄了一眼胡聪聪，他的表情也显得非常犹豫。是啊，这么贵的东西，对于一个小学生来说，是不是过于浪费了呢？

胡叔叔当然也看出了胡聪聪的犹豫："我们可以先挑一个价格适中的，等你的摄影技术提高后，再买更好的。更何况现在的数码产品更新速度很快，到那时候会有更先进的相机生产出来。"看胡聪聪还是面有难色，胡叔叔继续说道："只要你是真心喜欢摄影，愿意学习和研究，这钱就花得很值。即使你不想成为摄影师，也可以把摄影作为你的一个爱好。正巧你家里的那台相机也旧了，今后你就可以负责为家人拍照了。对了，还有你的好朋友和同学呢！"胡叔叔一边说，一边指了指我和窦晓豆。

最后，我们听取了营业员的建议，买了一台标价两千多元的相机。营业员说这款相机的功能简单，很适合初学者，只是因为新款出得太快，所以才会降价。

拿到新相机的胡聪聪既激动又紧张，窦晓豆故意打趣胡聪聪道："你可不要只拿着相机到处炫耀，而拍不出好照片呀！"

胡聪聪急忙为自己辩解道："才不会呢，我可不能辜负了这台相机和叔叔的期待……"

买相机的大事终于完成了，胡叔叔要带我们去吃汉堡了。

我们的运气很棒哦，这家汉堡店正在搞促销，第三个汉堡可以享受半价优惠。我们点了3个汉堡，花了24.5元，可乐的价格比汉堡价格的一半多出1.9元，胡叔叔不喝可乐，所以我们只点了3杯。薯条的价格比汉堡价格的一半多2.4元，我们也只点了3份。怕我们吃不饱，胡叔叔又给我们点了一个大桶炸鸡，价格是汉堡价格的5.5倍。这真是一顿丰盛的午餐呢。

午餐过后，胡叔叔又带我们去了游乐场。哈哈，我和窦晓豆的"侦探游戏"还真是收获颇丰呢。不过此时的胡聪聪却对玩游戏一点都不感兴趣，因为他有了一个新宝贝——数码相机。

"你们俩好好玩吧，今天我就是你们的专业摄

影师。”嘿，胡聪聪的口气还真大。

“你行吗？”我和窦晓豆都表示怀疑。

“你们俩竟然敢小瞧我，不就是照相嘛。”只见胡聪聪两手叉腰，一副能装下全宇宙的架势，“就算我照不好，还有我叔叔在。嘿嘿……”没想到一向爱说大话的胡聪聪竟然也学会谦虚了。

“没关系，数码相机不必担心浪费胶卷的问题，照得不好就可以删了。”胡叔叔给胡聪聪解围道。

题目 1 你能算出陶小乐和朋友们的这顿丰盛的午餐，一共花费了多少钱吗？
题目 2 看第 71 页的第 2 幅插图，你能想到哪些拼地砖的方法呢？

原来如此

题目 1

仔细审题后，你会发现题目中都是以汉堡的价格作为基础标准的。我们先假设汉堡的价格是 x，而且第三个汉堡是半价，三个汉堡一共花掉了 24.5 元，实际上只花了 2.5 个汉堡的钱，也就是 $2.5x=24.5$。

可乐的价格比汉堡价格的一半多 1.9 元，也就是 $\frac{1}{2}x+1.9$。3 杯可乐的价钱也就是 $(\frac{1}{2}x+1.9)\times3$。

薯条的价格比汉堡价格的一半多 2.4 元，也就是 $\frac{1}{2}x+2.4$。3 份薯条的价钱就是 $(\frac{1}{2}x+2.4)\times3$。

大桶炸鸡的价格是汉堡价格的 5.5 倍，也就是 $5.5x$。

所以陶小乐和朋友们的午餐总消费就是 $24.5+(\frac{1}{2}x+1.9)\times3+(\frac{1}{2}x+2.4)\times3+5.5x$ 的结果。根据 $2.5x=24.5$，求出 $x=9.8$，进而求出他们的总消费就是 120.7 元。

题目 2

当你解出第一个算式，求出 x 后，后面的问题就迎刃而解了。看到题目时，不要被它表面的复杂吓倒，要仔细审题，找到一个关键点，后面就好办了。

第八章 得意忘形惹的祸

最近班里兴起了一股拼图热。照理说，我们都是五年级的学生了，早就对这些"小孩子"的玩意儿不屑一顾了，可是自从狄老师来了之后，所有能和数学扯上关系的事情，都会形成一股风潮。

我原本认为数学的范畴里只有数字，现在才知道它的范围远比我认为的广泛得多。课堂上，狄老师用他那充满魔力的双手，让我看到了很多迷人的图案，这些我原本认为是艺术品的东西，没想到竟然也和数学有关系。一个简单的图形经过适当的改变后，就会发生很神奇的变化。

举个例子来说，两个相同的正三角形反向重叠后就能组成一个六角形。如果涂上不同的颜色，效果就更不一样了。你一定觉得这很简单吧，可是要想让中间成为一个正六边形，还是需要一些技巧的。

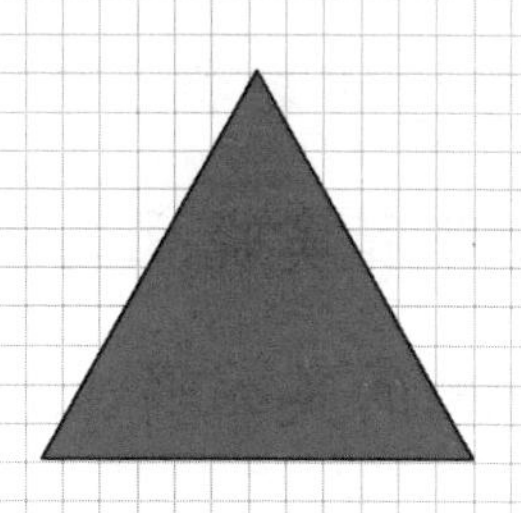
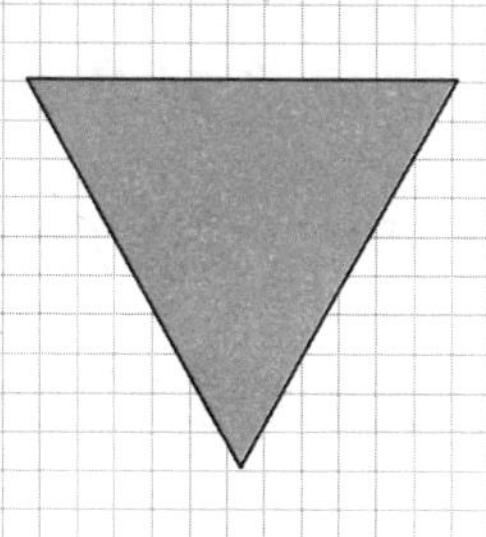
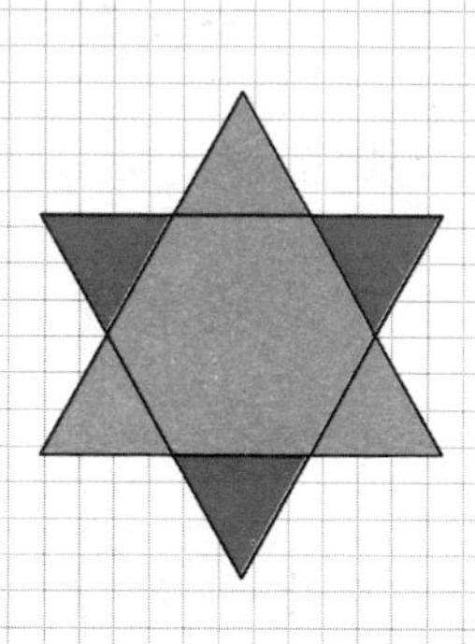

再举一个例子，用两个正方形可以组成一个八角形，这也是最简单的变化了。

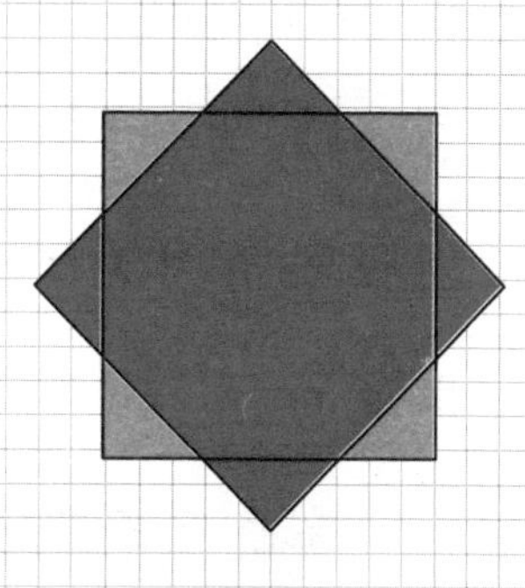

受到数学课的启发，美术课代表还为我们班的板报设计出了漂亮的花边呢。起初，我们都觉得很新奇，可是仔细一看，原来她只是用一些菱形图案做了平行移动，就产生了漂亮、美观的效果。看来生活中到处都有数学的踪迹呀！

今天的美术课上，我这个平时对美术并不感兴趣的人，居然破天荒地受到了美术老师的表扬，这可是从来没有过的事情。下课后，胡聪聪和窦晓豆马上围到我身边，想看看我在刚刚发下来的美术作业本上到底画了些什么。

“陶小乐，快让我们看看你到底画了什么呀，竟然能‘百年不遇’地得到美术老师的表扬！”胡聪聪把“百年不遇”这个词都用上了，刚刚十岁出头的我们，怎么跟“百年”扯上关系了？不过我心里也有些窃喜，胡聪聪是因为嫉妒我得到了老师的表扬，所以才这样说的。

窦晓豆干脆直接翻开我的美术作业本。“哈哈，这是草原上的小屋，还真是惟妙惟肖。看看这些蝴蝶，正围着花朵翩翩起舞呢。你的画看起来还真不错。快跟我们说一说，你从什么时候冒出来的艺术天分？让我们也沾沾光。”

“嗯,这个嘛……那要看我的心情喽!”我故意卖起了关子。

“说你胖,你还喘起来了。你忘了我们是三剑客了?我们可是‘三位一体’的。”胡聪聪自从有了数码相机后,连话都和以前不一样了。

“好了,好了,我逗你们的。我哪有那么自私,当然会无条件告诉你们了。”我一边说,一边指着美术作业本给他们看,“你们好好儿看看,这个房顶是什么形状?”

“这还用说? 三角形。”窦晓豆抢先回答道。

“是啊,原来每次画画的时候,我只是想到要画的东西,可是自从对数学感兴趣以后,特别是有了几何知识后,我发现其实所有事物都可以和某种具体的图形联系起来。注意到这点后,我在画画的时候,就会把事物分解成一些具体的图形来处理,这样就感觉画画不是那么难了。”

“你说的话怎么突然变得这么高深了呢? 不过

好像还挺有道理的。”窦晓豆挠着头说。

“算了，算了，这也就是我的一点理解罢了，反正归根结底就是一句话，我现在觉得数学太有用了！”这确实是我的真心话，“不过又不是我一个人受到数学的启发，你们不是也看到美术课代表出的板报了吗。瞧瞧那些漂亮的花边，同样是受了几何图形的启发。”

“你至于这么得意吗？”不知道什么时候，简彤站在我们身后说道。这下糟糕了，我们的大麻烦又来了。

“既然你这么得意，那么就把这个空格里的数字填上吧。我想你应该知道这是什么。”简彤一边说，一边递过来一张纸。

简彤真是我的克星，总是和我过不去。我不情愿地接过那张纸，只见上面是一个大方格，大方格又被分成了九九八十一个小方格。有的小方格里有数字，有的没有。这种东西我见过，叫“数独”，也叫“九宫格”。它的每一行和每一列都要有1到9九个数字，而且这81个小方格还被依次划分成9个小区域，每个小区域里也是从1到9九个数字。简单的数独，我也能做出来，可简形的这道数独可不像我之前做过的那么简单。

4								5
	7						6	
		5	1		7	9		
		2	4		5	3		
		1	2		8	4		
		8	3		2	7		
	2						5	
7								4

	6		7		2		5	
		4	1		3	2		
	5	1				3	7	
				6				
	8	6				5	2	
		8	5		7	1		
	7		6		8		4	

“这可是初级的哦。”简彤在一旁幸灾乐祸地等着看我笑话。

一看简彤向我抛出了难题，窦晓豆和胡聪聪对我吐了吐舌头，然后就跑回各自的座位了。这两个家伙，一到关键时刻就背叛我，还三剑客呢，又把我变成孤家寡人了。

“我也不难为你，你慢慢填吧。”甩下这句话，简彤也走开了。

虽然这不是作业，也不用必须完成，可是为了我陶小乐的面子，硬着头皮也要做下去。好在马上要上课了，我回头对一脸得意的简彤说：“简大小姐，我只有放学后再研究你布置的作业了。”

同学们，你能把这两道数独题填写完整吗？

原来如此

数独又称 Sudoku，意思为“单独的数字”或“只出现一次的数字”，是一种数字逻辑游戏。

4	9	6	8	2	3	1	7	5
1	7	3	9	5	4	8	6	2
2	8	5	1	6	7	9	4	3
9	6	2	4	1	5	3	8	7
8	4	7	6	3	9	5	2	1
5	3	1	2	7	8	4	9	6
6	5	8	3	4	2	7	1	9
3	2	4	7	9	1	6	5	8
7	1	9	5	8	6	2	3	4

8	2	5	9	4	6	7	1	3
1	6	3	7	8	2	4	5	9
7	9	4	1	5	3	2	6	8
4	5	1	8	2	9	3	7	6
2	3	7	4	6	5	8	9	1
9	8	6	3	7	1	5	2	4
6	4	8	5	9	7	1	3	2
3	7	2	6	1	8	9	4	5
5	1	9	2	3	4	6	8	7

第九章 粉红色的神秘来信

今天早上起床时发生了一件怪事。

“咦，这是什么呀？怎么有一封写着叶小米名字的信出现在我的枕边呢？”只见那个粉红色的信封上面有一个漂亮的红丝带，红丝带上还挂着布拉布拉小魔女的头像卡片。我心里一下就明白了大概，一定是布拉布拉小魔女看我睡着了，不忍心打扰我，于是就把信放到我枕边的。

到底是谁写给叶小米的信呢？我真是太好奇了。可是毕竟偷看别人的信件是不道德的行为，看来只好等到了学校，把信交给叶小米之后问她了。

一路上，我满脑子都是这封信。我不断地猜测着是谁写的这封信，有什么事，是谁竟然能请到布拉布拉小魔女当信使。我的大脑在不停地运转着，好像和布拉布拉小魔女有关系的这些人，都没有认识叶小米的吧。

算了，还是不想了，等会儿问问叶小米，看看她怎么说。

一走进教室，我的第一句话就是问比我早到一步的胡聪聪："老胡，叶小米来了吗？"

"应该没来呢。你怎么一进来就找她呀？"胡聪聪狐疑地上下打量着我，"平时，你对这个爱哭鬼躲都躲不及呢。今天这太阳是从西边出来了？"说完后，胡聪聪还摸了摸我的额头，又补充了一句："你也没发烧啊。"

"你快别闹了，昨晚布拉布拉小魔女来过了，她留给我一封信，可是这封信却是写给叶小米的。真奇怪，谁会托布拉布拉小魔女捎信给叶小米呢？"

"嗯嗯，听你这么一说，这事的确有点奇怪。"看来胡聪聪和我想的一样。

"有什么奇怪的事情呀？"刚刚走进教室的窦晓豆

正好听到胡聪聪的话，立刻好奇地凑过来。我和胡聪聪把捎信的事情和他一讲，他也觉得很奇怪。

“不如我们把信打开看看吧？”窦晓豆坏笑着说。

“那怎么行！偷看别人的信件是不道德的行为，如果让布拉布拉小魔女知道咱们干这种事，她肯定会生气的。”我义正词严地说。

正巧这时叶小米走了进来，于是我径直走过去，把信递给她。叶小米并没有接那封信，而是奇怪地看着我说：“陶小乐，你有什么话就当面说，为什么要给我写信啊？”

啊！看来她以为这个有着漂亮信封和红丝带的信是我写给她的呢，我可背不起这个黑锅。

“我哪有闲工夫给你写信。这是有人让我捎给你的，如果你不收下，那我就只好退回去了。”

一听这话，叶小米急忙说：“别呀，你还是先给我吧。”

和叶小米是不能随便开玩笑的，如果我继续和

她闹下去，搞不好又会“引火烧身”的。于是我急忙把信交给她。虽然我还是很好奇到底是谁写的这封信，但又不敢直接问。唉，我可惹不起这个爱哭的小丫头。

我和窦晓豆、胡聪聪在一旁偷偷地观察着叶小米的表情，只见她坐在座位上，打开信读了起来。看她时而微笑，时而还有点害羞的样子，我们更加好奇了。

本以为叶小米会对这封信的内容保密，没想到第一节课结束后，叶小米竟然主动找到我们三个，还有小眼镜和简彤，说放学后要告诉我们关于这封信的事情。

窦晓豆、胡聪聪抑制不住内心的好奇，急忙问："到底怎么回事？是谁写来的信呢？"

"你们还记得上次在神奇大厦碰到的那个爱打喷嚏的恶作剧小精灵吗？"叶小米有点不好意思地说。

"哦，是他呀！对了，上次他还夸你可爱呢。"窦晓豆和胡聪聪忍不住调侃道。

叶小米的脸一下变得通红，眼泪眼看着就要掉下来了，简彤急忙呵斥窦晓豆和胡聪聪："那个小精灵既然写信来了，一定是有什么重要的事情。如果

没什么事，叶小米为什么要告诉咱们呢。”

简彤的火气也不小，我见势头不妙，急忙打圆场道：“还是先说正经事吧。”

小眼镜也和我形成了“统一战线”，他说：“陶小乐说得对，我们还是赶快研究正事吧。现在快上课了，我们就按照叶小米说的，放学后在操场集合。”

放学后，我们六人来到了操场上。叶小米掏出那封信，递到了简彤手里。我们几个也都围在简彤身边，大家一起看起来。原来这是一封邀请函，里面有一连串奇怪的问题，只要我们能回答出这些问题，就可以获得一次喷嚏小精灵提供的幻境大冒险的机会。

一听说有幻境大冒险的机会，我们一下子兴奋起来。不过我们却发现了一个问题，那就是信上有关题目的地方都是非常模糊的，根本就看不清楚字迹。

我们又仔细地把信读了一遍，发现了一段刚才似乎并没有看到的内容：有一种数字叫完全数，又称完美数，它和除了自身以外的因数相加，和就是它本身，你们能否举出两个这样的例子呢？

“那就是6了，因为6的因数是1、2、3、6，而1+2+3=6。哈哈，还真是——完美！”我一边说，一边模仿电视里某个很流行的动作，双手食指向两侧划开。窦晓豆和胡聪聪忍不住笑出了声，就连叶小米和简彤也笑了，只有小眼镜表情严肃。

“还有28和496也是完全数。”唯一没笑的小眼镜又说出了两个答案。

这时，信上又出现了一段我们之前没读到的文字：有一个数字既是42的因数，也是7的倍数，同时还是2和3的倍数，这个数字是什么呢？

“这道题怎么感觉这么乱呢？”窦晓豆来了句。

“乱什么乱啊，多简单。这不就是42本身嘛。”简彤干脆地说道，“2乘以3再乘以7，不就是42嘛。”

“哦，我总是不习惯把数字的本身叫作它的因数。”窦晓豆不好意思地挠了挠头。

“赶紧看看下道题是什么吧。”我催促着。

“请说出三个不吃肉的数字。”看到这道题的内容，胡聪聪惊奇地大叫起来，“数字还有吃肉和不吃肉之分吗？”

“不吃肉？我知道了，那就是素数，也就是质数。”这次轮到我更胜一筹了，“这有什么难的，2、3、5、7 不都是素数嘛，也就是因数只有 1 和它本身的数字。”

“对呀，还有 17 呢。”胡聪聪也想到了一个素数。

“还有 11 和 13 呢。”窦晓豆也想起来了。

“还有 19……”

胡聪聪的话还没说完，就被简彤打断了，只听简彤说道：“好了好了，这会儿不是研究吃素吃荤的时候，还是赶快看下面的题吧。”

“请简单介绍一下数学王冠上的明珠。这是什么问题呀？”窦晓豆一边读，一边看了看小眼镜。

“这是一个叫哥德巴赫的德国数学家提出来

的问题,在数学界被叫作‘哥德巴赫猜想’。它的大概意思是说所有大于2的偶数,是不是都可以表示为两个质数的和的问题,比如4等于2加2,6等于3加3,8等于5加3,等等。”小眼镜不紧不慢地解释道。

“这么简单的问题还用得着猜想啊,不是明摆着吗?”胡聪聪不屑地说。

“这可不是你想得那么简单。虽然你看到的这些很小的数是一目了然的,不过如果继续往下推呢?数是无止境的,根本就数不到头,所以还是需要数学家来求证的。如果像你说得那么简单,怎么可能有‘数学王冠上的明珠’这个绰号呢。”小眼镜一本正经地说。

“你说得也对,看来还真不能小瞧数学呀。就算是1加1等于2,如果细推起来,也不那么简单了。”胡聪聪又开始捋着他的空气胡子,学老爷爷的口气说话了。

终于算到最后一题了：大姐的年龄是 21 岁，二姐的年龄是 14 岁，我的年龄是 7 岁。大姐的年龄是我的年龄的倍数，二姐的年龄是我的年龄的倍数。请问大姐和二姐的年龄相加后得出的数，还是我的年龄的倍数吗？

这个喷嚏小精灵好可爱呀。这道题明明就是白送的。

题目 1 喷嚏小精灵大姐的年龄是21岁，二姐的年龄是14岁，他的年龄是7岁。大姐的年龄是他的年龄的倍数，二姐的年龄也是他的年龄的倍数。请问恶作剧小精灵大姐和二姐的年龄相加后得出的数字，还是他的年龄的倍数吗？

题目 2 你能说出28的所有因数吗？然后再用除了28以外的因数相加，看看是不是能得出28这个完美的数。

原来如此

题目 1

$$21 \div 7 = 3$$
$$14 \div 7 = 2$$
$$(21+14) \div 7 = 5$$

题目 2

28 的因数有 1、2、4、7、14、28

$$\underbrace{1 + 2 + 4 + 7 + 14}_{28}$$

第十章 喷嚏小精灵的幻境(上)
——吵闹的小家伙们

喷嚏小精灵设置的题目被我们一一解开后，我们来到了神奇大厦的大厅。那个可爱的爱打喷嚏的恶作剧小精灵此刻就在我们面前，正翻着跟斗欢迎我们呢。

“你们都饿了吧?我还是先带你们去吃东西吧。”

“好啊，好啊。”窦晓豆和胡聪聪异口同声地欢呼起来。虽然我没有跟着他们一起欢呼，但心里也非常开心。

在喷嚏小精灵的带领下，我们来到了一个布置得温馨舒适的房间。餐桌上已经摆放好了一个大大的比萨，还有六杯果汁。

“这个比萨足够大了，就看你们能吃掉这个比萨的几分之几了！”

“哈哈，那我一定能吃掉四分之七。”胡聪聪吃了许多个“数学比萨”了，怎么还是不长记性呢！

“我看等你吃完了，大概连桌子都少了一大块了，哪里还有我们的份儿。”简彤丝毫不给胡聪聪留面子。胡聪聪大概也意识到自己刚刚又胡说八道了，于是嘿嘿地笑了两声。

我们吃着比萨，喝着果汁，聊着天，很是开心呢。我还发现了一个秘密，这个喷嚏小精灵真的喜欢叶小米，他总是在叶小米身边转悠。

大家正开心地畅聊着，喷嚏小精灵的大姐急急忙忙飞过来，看到我们就说：“现在不是吃喝的时候，你们快帮帮我们吧。”

“什么事啊？”我问道。

“是这样的，精灵小分队的一部分去东边的山坡采集灵果，另一部分去西边收集花露。东边的组长说他们组的人数是小分队总人数的$\frac{2}{5}$，他们的人数少；西边的组长说他们组的人数是小分队总人数的

$\frac{4}{10}$,明明是他们的人数少。两个组长都抱怨自己的人数少,还要做那么多工作,太不公平了。你们快帮我算一算,两组精灵到底哪一组多,哪一组少?”

“明明是一样多。”我们异口同声地说道。

“你们确定是一样多吗?”

“放心吧,没错的。”

喷嚏小精灵的大姐刚飞走,二姐又慌慌张张地飞进来说:“哎呀,你们在这儿呀。太好了,我们现在正需要人手帮忙呢。”

看来我们的美餐不得不中断了,我们跟着喷嚏小精灵的二姐来到了一片田地中。

“你们看这片菜地,$\frac{1}{4}$种了萝卜,$\frac{2}{8}$种了茄子,$\frac{4}{16}$种了西红柿,$\frac{2}{16}$种了黄瓜,剩下的$\frac{1}{8}$种了豆角,可是管理这片土地的精灵非说不同蔬菜的占地面积是一样的。这些数字明明就是不同的,他一定是在骗我。如果没搞清楚就把数字上报，我会摊上大麻烦的！”

“你先别着急，我们来帮你算一算。”小眼镜急忙安慰这个急得脑袋上直冒火星的二姐，“你看，茄子的种植面积是$\frac{2}{8}$，西红柿的种植面积是$\frac{4}{16}$，约分

后都是$\frac{1}{4}$,和萝卜的种植面积相同。黄瓜的种植面积是$\frac{2}{16}$,约分后就成了$\frac{1}{8}$,也就是和豆角的种植面积相同。你听明白了吗?”

“原来是这样啊。”

我们正准备回去继续享用美餐,喷嚏小精灵的大姐又气喘吁吁地出现在我们面前,她上气不接下气地说:“你们怎么跑到这里来了?快点跟我走。”

看来我们是没办法好好儿地享受这顿美餐了。

我们一路跟着喷嚏小精灵的大姐跑回神奇大厦,在她的带领下来到了一个房间。开门一看,这里竟然有8个更小的恶作剧小精灵。不知道为什么,这些小家伙争吵不休。

“我该坐在这个位置!”“不对,我才应该坐在这里!”“才不是呢!这个位置是我的!”

“这到底是怎么回事呀?”我们一头雾水地望着

喷嚏小精灵的大姐。

“哦，是这样的，他们今天要在这里用餐。为了让他们能够不因争抢座位而耽误时间，管理员就给了他们每人一个号码。可是这8个号码并不是按照顺序来的，而且管理员还指示让号码是12的因数却不是18的因数的小家伙坐在左边，让号码是18的因数却不是12的因数的小家伙坐在右边。那些号码既是12的因数，又是18的因数的小家伙坐在中间。管理员明知道他们很淘气，为什么还要做这么麻烦的安排呢？你们快帮我想想办法吧，我的头都要变大了。”喷嚏小精灵的大姐急得在空中直打转。

喷嚏小精灵见状，急忙安慰道：“别着急，有他们在，一定没问题的。”

“大家安静一下，你们都把自己的号码举起来，让我们看一看。”我大声喊道。可是这些小家伙完全无视我的存在，还是乱糟糟地吵成一团。

“你们想不想吃好吃的点心？再吵下去，可就没有好吃的食物了。”简彤还真有办法，一句话就让所有小家伙都安静下来了，“现在请举起你们手中各自的号码，让我们看清楚。”

这些小家伙乖乖地把自己手中的号码举起来，我们看到了1、2、3、4、9、6、12、18这些数字。

“1号、2号、3号、6号按照从小到大的顺序坐到中间的位置，4号、12号坐到左边，9号和18号坐到右边。”简彤吩咐道。这些淘气的小家伙都乖乖地按照她的指示坐好，只见他们面前的桌子上都亮起了彩灯。

这时门开了，一个大个子精灵推着餐车走进来，餐车上的食物还用一个大罩子罩着。大个子精灵说：“这个罩子下面有很多好吃的食物，一共有多少份呢？我也不记得了，只记得不超过80份吧。如果把这些美食平均分给8个人，每个人都能得到相同的份数。如果平均分给12个人，每个人还是能得到相同的份数。现在谁能告诉我，这个罩子下面的食物究竟是多少份呢？如果你们猜不出来，我可就推着车子走喽。你们连看都别想看一眼这些美味的食物！”

这些顽皮的小家伙一听，别说是吃，就连看都可能看不到那些美食，他们立刻又乱作一团，有的甚至还哭了起来。

“大家静一静！有我们在，肯定没问题的。”我们一边安慰着这些吵闹的小家伙，一边计算这个大个子精灵提出的问题。

当我们把答案说出来后，大个子精灵也揭开了那个大罩子，美食的香味瞬间充满了整个房间，那里面全部都是包装精美、香味扑鼻的点心。我们都馋得直咽口水。

“嘿嘿，这里有这么多点心呢，你们也一起吃吧。走了这么多路，大家一定都饿坏了吧。”看看，还是喷嚏小精灵最可爱。

那些小家伙也说：“对呀，对呀。大哥哥、大姐姐，你们就留下来和我们一起吃，一起玩吧。”

我们摸了摸已经咕咕叫的肚子，当然是恭敬不如从命了。

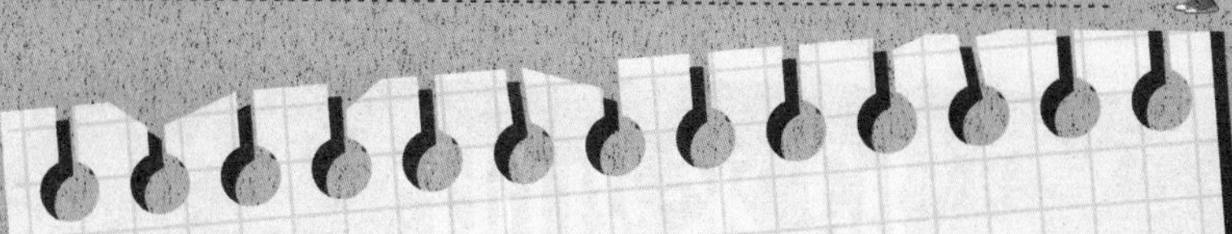

题目 1 大个子精灵餐车上的食物不超过 80 份。如果平均分给 8 个人，每个人都能得到相同的份数。如果平均分给 12 个人，每个人还是能得到相同的份数。那么这个餐车上的食物究竟是多少份呢？

题目 2 神奇大厦中有两个很胖的小精灵，我们就叫他们胖哥和胖弟吧。为了帮助他们减肥，就要控制他们吃肉。根据他们的身体状况，每 4 天要给胖哥吃一次肉，每 6 天要给胖弟吃一次肉。为了让他们认为二人吃到肉的次数是相同的，总是在他们都吃肉的那一天才让它们一起用餐。你知道他们至少要多少天，才可以在一起吃饭吗？

原来如此

题目 1

假设有 12 个人，列表为：

每人份数	共有份数	是否可以8人平分
1	12	×（不能）
2	24	√（可以）
3	36	×（不能）
4	48	√（可以）
5	60	×（不能）
6	72	√（可以）

这个餐车上的食物可以有 24 份、48 份或者 72 份。

题目 2

$$\begin{array}{r|rr} 2 & 4 & 6 \\ \hline & 2 & 3 \end{array}$$

$2 \times 2 \times 3 = 12$（天）

第十一章 喷嚏小精灵的幻境(中)——海底火焰

吃饱喝足,现在到玩的时候了。喷嚏小精灵给我们当导游,我们跟着他走过长长的走廊,来到了一个大门前。原本以为在这个神奇大厦中,进入每一个入口都要回答问题,可是这扇大门却并没有为难我们,我们就这样"长驱直入"了。

"我们这是去什么地方呀?"叶小米小声地问喷嚏小精灵。

"真是不好意思,这个我也不清楚。"喷嚏小精灵吐了吐舌头,"虽然我认得路,也知道这里总是有很多神奇的景象出现,但是自从我有记忆以来,这些景象却从来都没有重复出现过。所以我也没办法准确地告诉你们,今天这里到底有什么奇异的事情发生。不过有一件事很奇怪,今天的大门为什么没有出题就打开了呢？”我猜得果然没错，连喷嚏小精灵都觉得大门有点奇怪。

“没有问题还不好？我们可以痛痛快快地玩了。”胡聪聪兴奋极了，“你们还真是杞人忧天，我们刚才已经帮助恶作剧小精灵解决了那么多问题。”

不过我总觉得事情不会这么简单，如果这么简单，那就不是神奇大厦了。我刚想到这里，前面的路忽然没有了，我们面前出现了一排小门。这门也太小了，如果要我们通过，只能是钻过去了。

“这就是著名的‘题门’，我也只是听说过，今天还是第一次见到呢。”喷嚏小精灵惊叫道。

“我说不会轻易就让我们通过的。怎么样，难题来了吧。”

“陶小乐，你就别事后诸葛亮了，还是看看题目在哪里吧。”简彤总是针对我。

“哟！这个小姑娘脾气还挺大的。”只听空中一个浑厚的声音说道，“既然你们这么着急答题，那就让我来提问吧。”

“好好儿地数一数,你们面前有多少门?”

这有什么难的,我们都是五年级的学生了,数数也太“小儿科”了吧。

“总共20扇门。”

“你们是不是以为数数就是我要提的问题呀?哪有这么简单!现在才是真正的问题。你们听好了,在每扇门的后面都有一个小精灵，不过在这20个小精灵里,有乖精灵,也有淘气精灵。你们每打开一扇门,看到乖精灵的可能性是$\frac{3}{5}$,看到淘气精灵的可能性是$\frac{1}{4}$。你们能说出在这20扇门后面,到底是乖精灵多,还是淘气精灵多呢?如果回答错误,那么你们今天的行程就到此结束了。”那个声音很不客气地说。

“这应该是比较$\frac{3}{5}$和$\frac{1}{4}$谁更大的问题吧?”我说。

“对，这个问题可以通过通分来解决，只要把分母变成相同的数字，再比较分子的大小就可以了。”小眼镜说道。

“那就是十五分之……”胡聪聪的话还没有说完，窦晓豆迅速地捂住了他的嘴巴：“先闭上你的大嘴巴。忘了以前的教训了？”看着憋红了脸的胡聪聪，我差点笑出来。不过现在没时间笑，还是赶快解决问题吧。

“在这些门的后面，乖精灵比淘气精灵多。”估计小眼镜也担心窦晓豆控制不住胡聪聪的大嘴巴，直接说出了答案。

20 扇小门一瞬间全部消失了，我们置身于一个奇异的海底世界的通道里。我们被一个巨大的玻璃罩子罩在里面，外面则是千奇百怪的海底生物，真是奇幻迷人。

这时空中又传来了那个浑厚的声音：“这里是不是很神奇呢？更有趣的事情还在后面呢。如果你们

能拿到400积分，就能进入更有趣的地方。”

“不就是答题吗，你快说吧。”窦晓豆马上说道。

“这次答题是有严格规定的。虽然一道题是100

积分，但是必须连续答对四道题目，才能得到总共的400积分。只要你们答错了，无论是第一题，还是第二题，今天的行程都到此为止。”那个声音顿了顿，又继续说道，“这里的鱼儿每天都在比赛，看谁游得最快。红斑鱼和石斑鱼同时在海底隧道的一端出发，当红斑鱼游到海底隧道的$\frac{1}{2}$处时，石斑鱼则游到了海底隧道的$\frac{3}{5}$处，请问它们谁的速度更快？”

这不是和刚才的问题一样吗，我脱口而出：“当然是石斑鱼更快了。”

话音刚落，在我身边的玻璃罩外面，一下子聚集了好多鱼，还排出队形翩翩起舞。那场景简直就像水中的芭蕾舞表演，太精彩了。原来答对题目还有表演可看呢，就算是没有积分也值了。

等那些表演的鱼群散去，空中的声音又说道：“石斑鱼和红斑鱼都是甩尾巴高手，石斑鱼平均每秒甩尾巴0.9次，红斑鱼平均每分钟甩尾巴50次，平均每秒是$\frac{5}{6}$次。到底是石斑鱼甩尾巴快，还是红斑鱼甩尾巴快呢？”

这道题比刚刚那道题复杂些，我们没时间开玩笑，凑到一起紧张地算起来。算好之后，我们又彼此对照了一下，最后确定了正确答案后，一起大声说了出来。

这次的景象更精彩，只见在我们周围，一朵朵绚烂的、类似于烟花一样的火焰在玻璃罩外面绽放着。我们不知道那是什么东西，只是觉得它很像烟花，就叫它海底烟花吧。

烟花结束后，我们看到玻璃罩外面出现了一个奇怪的圆圈，有三条大小不等的鱼正围绕着那个圆圈不停地游着。

“这就是你们的第三道题目。大鱼每绕一圈用时 3 分钟，中鱼每绕一圈用时 4 分钟，小鱼每绕一圈用时 6 分钟。如果大鱼、中鱼和小鱼从一点同时出发绕圈，至少多少分钟后，大鱼和中鱼会在起点再次相遇?这时的大鱼和中鱼分别游了多少圈?从大鱼和中鱼(实际上包含小鱼)相遇开始,至少多少分钟后,三种鱼才会在起点相遇? 那时候它们分别游了多少圈?”

虽然这道题听起来有点复杂,但是经过仔细分析,我们还是很快找到了解题的办法,迅速说出了答案。这一次,有好多鱼为我们带来了一场精彩的大型魔术表演,让我们目不暇接。

魔术表演结束后,我们迎来了在海底隧道的最后一道,也是最关键的一道题目——现在有54条石斑鱼和48条红斑鱼,要把它们分成相同数目组成表演小组,然后分别放到玻璃缸中。请注意,这两种鱼是不可以混合在一起的。现在你们能说出至少需要多少个玻璃缸吗?

我们再次开始了紧张的运算,到底我们能不能解答出这最后的关键一题呢?

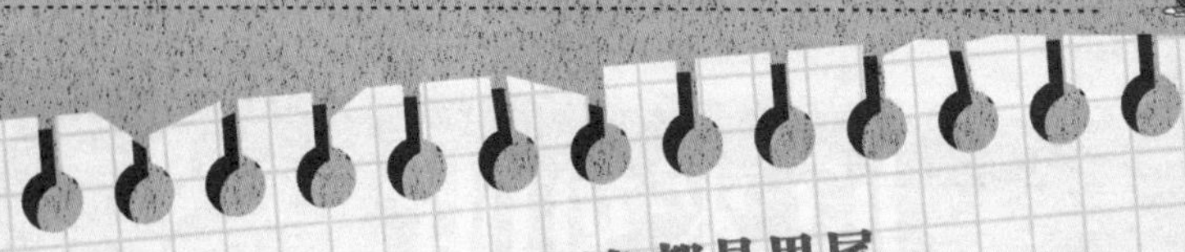

题目 1 石斑鱼和红斑鱼都是甩尾巴高手，石斑鱼平均每秒甩尾巴0.9次，红斑鱼平均每分钟甩尾巴50次，平均每秒是$\frac{5}{6}$次。到底是石斑鱼甩尾巴快，还是红斑鱼甩尾巴快呢？

题目 2 有54条石斑鱼和48条红斑鱼，要把它们分成相同数目组成表演小组，然后分别放到玻璃缸中。请注意，这两种鱼是不可以混合在一起的。现在你们能说出至少需要多少个玻璃缸吗？

题目 3 大鱼每绕一圈用时3分钟，中鱼每绕一圈用时4分钟，小鱼每绕一圈用时6分钟。如果大鱼、中鱼和小鱼从一点同时出发绕圈，至少多少分钟后，大鱼和中鱼会在起点再次相遇？这时的大鱼和中鱼分别游了多少圈？从大鱼和中鱼（实际上包含小鱼）相遇开始，至少多少分钟后，三条鱼才会在起点相遇？那时候它们分别游了多少圈？

原来如此

题目 1

还是石斑鱼甩尾巴快呀。

方法一：

石斑鱼：$0.9=\frac{9}{10}=\frac{27}{30}$

红斑鱼：$\frac{5}{6}=\frac{25}{30}$

$\Big\}\ 0.9>\frac{5}{6}$

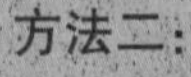

方法二：

石斑鱼：0.9

红斑鱼：$\frac{5}{6}\approx0.833$

$\Big\}\ 0.9>\frac{5}{6}$

题目 2

54的因数有			
1	②	③	⑥
9	18	27	54

48的因数有				
1	②	③	4	⑥
8	12	16	24	48

因为 54 和 48 共有的因数为 2、3、6，也就是说，每个玻璃缸里可以放 2 条鱼、3 条鱼或者 6 条鱼。每个玻璃缸里的鱼最多，所用玻璃缸的数量就是最少的。

54 ÷ 6=9（个）　　48 ÷ 6=8（个）　　9+8=17（个）

所以至少需要 17 个玻璃缸。

题目 3

这可难不住我哦！

这是一个关于公倍数的问题。如果想知道大鱼和中鱼至少多少分钟后在起点相遇，只要算出 3 和 4 的最小公倍数就可以。3 和 4 的最小公倍数是 12，也就是说，至少 12 分钟，大鱼和中鱼会在起点再次相遇，此时大鱼游了 4 圈，中鱼游了 3 圈。

如果三条鱼同时从起点出发，要想知道它们多少分钟后可以再次在起点相遇，只要算出 3、4、6 的最小公倍数就可以了。3 的公倍数有 3、6、9、12……4 的公倍数有 4、8、12……6 的公倍数有 6、12、18……你看出来了吗？3、4、6 的最小公倍数是 12，所以如果三条鱼同时从起点出发，还是 12 分钟后在起点再次相遇。

这时候，大鱼游的圈数就是 4 圈，中鱼游的圈数就是 3 圈，小鱼游的圈数就是 2 圈。

24 分钟后，大鱼、中鱼、小鱼会再次在起点相遇吗？

第十二章 喷嚏小精灵的幻境(下)——消失的朋友

终于拿到400积分了！我们很兴奋，想着下一个有趣的地方会是什么样子呢？一定会比这个海底隧道更有趣吧。可是当周围的景象变化之后，我们又来到了之前很熟悉的神奇大厦的大厅。

“喷嚏小精灵，你带他们去图书馆吧。”那个声音用命令的口气说道。

“不是要去更有趣的地方吗，怎么是去图书馆呢？”我们几个人都觉得很奇怪。

“你们去了就知道了。”那个声音显得不可辩驳。

我们来到图书馆，乍一看，这里和以前相比没什么变化，可是仔细琢磨，却总觉得有什么地方不对劲，到底是哪里不对劲呢？

“这里已经启动了魔宫模式，你们要多加注意了。”

空中的那个声音又说道。

“这里的书真是太多了！这次我可要好好儿地看看了。”小眼镜大概没听出来那个神秘的声音话里有话吧，竟然兴奋地去找喜欢的书了。

“能再次来到这个图书馆，真是很幸运，不如我们也去找找看有什么在外面看不到的书吧。”奇怪了，这个平时总是喜欢购物和臭美的简彤竟然也和小眼镜的想法一样。还没等我提出异议，简彤拉着叶小米的手就跑到其他地方找书看了，而喷嚏小精灵也跟着叶小米飞走了。

怎么好像就他们三个爱读书似的？现在可好，只剩下我们三剑客，你看看我，我看看你。

“你们两个有没有觉得刚才那个声音说的话，好像有什么不对劲的地方呢？”

“哪儿不对劲？”窦晓豆不解地看着我。

“你想太多了吧。”胡聪聪也是一副满不在乎的样子。

还没等我再说下去，图书馆里的那些大书架忽然轰隆隆地移动起来。原本还在我们视线范围内的小眼镜、简彤和叶小米，眼看着就要被移动的大书架隔开了，我们三个大声呼喊着他们的名字，可是我们的声音很快就被书架移动的声音淹没了。那些书架的移动速度很快，我们想跑过去是不可能的。

等那些书架停止移动后，我们三人被彻底包围了，周围既没有路，也没有门，而是一个完全封闭的空间。

“哈哈哈，你们现在知道这个魔宫模式是什么意思了吧。”空中又响起了那个声音。

“不是说去更有趣的地方吗，这哪里是更有趣的地方？”胡聪聪惊魂未定地抱怨道。

“哈哈哈，男孩子的骨子里都有着冒险的天性，难道你不是男孩子吗？”

“我当然是男孩子……可是……”胡聪聪一时语塞，不知道该怎么回答了。

“不就是冒险吗，我们当然喜欢冒险了。可是我们的同伴怎么办？他们中还有两个女孩子呢。”这是我发自肺腑的话。

“你就是那个陶小乐吧，还挺有男子汉气概的。你放心，他们都很安全，只不过也被困在一个小空间了，而且他们听不到我说话。现在只有你们才能解救他们。”

“我们总要先从这个小空间里出去呀!”现在在我的意识里,冒险已经成为一个很有趣的挑战了。

“不错,你还是很清楚形势的。这就是你们的第一道闯关题目,答对了,你们就可以从这个小空间出去了。还记得刚刚在海底隧道中提到的石斑鱼和红斑鱼表演用的玻璃缸吗?如果要制作一个棱长是5分米的正方体表演用玻璃缸,需要多少平方米的玻璃呢?”

“这就是正方体表面积的问题。正方体是由6个正方形表面组成的,正方形的面积是边长乘以边长,所以这个正方体的表面积就是5乘以5再乘以6,也就是需要150平方分米的玻璃。”胡聪聪得意地抢先说道。

可是胡聪聪的话才刚说完,我们周围的书架就快速地围拢过来。来不及埋怨胡聪聪,我急忙大声喊道:“是5乘以5乘以5。因为鱼缸是没有盖子的,所以只有5个面需要玻璃,也就是需要125平方分米的玻璃,换算成平方米就是1.25平方米。”我一口气说完了这些,周围那些不断围拢过来的书架也停了下来。

“为什么我们周围还是没有出路呢?”

“这还用问吗,当然是因为你们的第一个人把题答错了。就算你答对了,也只能起到控制书架向里面靠拢的作用。这次你们可不要再出错了,否则你们就会一直被困在这个小空间里了。”

“胡聪聪,下次你能不能想好了再说!”窦晓豆没好气地冲胡聪聪嚷嚷。

“我也是为了答题,我也想快点救出小眼镜他们……”胡聪聪一脸委屈的样子。

我急忙劝住窦晓豆:“别吵了,我们还是全力以赴,好好应付眼前这个局面吧。”

“呵呵,这个小伙子还挺临危不乱的。那么这道题就由你来解答吧,对,就是你,窦晓豆!棱长是6

分米的正方体，它的体积是多少呢？陶小乐、胡聪聪，你们俩不许答题。”

我和胡聪聪紧张地看着窦晓豆，用眼神示意他要认真计算。窦晓豆还挺争气，他先是在心里默算，随后又在手心上计算着，最后终于说出“216立方分米”这个答案。只见那些书架轰隆隆地撤走了，一条路出现在我们面前。

我们三人顺着这条路走出了刚才的包围圈，可是又被横在面前的另一个大书架挡住了。这个大书架前还摆放着一张桌子，桌子上有一个红苹果，一个装有清水的鱼缸和一把尺子。这些大概都是让我们回答问题的工具吧，我在心里猜测着。

“现在你们就用桌子上提供的工具，来测量出这个苹果的体积是多少。”还真让我猜对了。

我认真思考了一下，拿起尺子测量了鱼缸的各个边长和鱼缸里的水面高度，然后又把苹果放进鱼缸，再次测量水面升高后的高度。我要先求出没放入苹果时,鱼缸里的水的体积,然后再算出放入苹果后的水的体积,最后用两次得出的数字相减,这就是苹果的体积了。

不出所料,挡在我们面前的高高的书架开始向两边移动,这条路看起来宽敞多了。我们径直向前跑去,不过跑着跑着就发觉不对劲,因为前面似乎就是众多书架的尽头了,那不就是要跑出图书馆了吗?

“喂,我的朋友们在哪里呀?为什么还不放他们出来呢?”我大声向空中发问。

“放心,他们还在这个图书馆里。不过你们还要到另一个空间去解决一个问题,这样才能让这里的所有书架都恢复到原来的位置,他们也才能走出来。”

事不宜迟,我们迅速跑出图书馆,在走廊的尽头发现这里突然出现了一个奇怪的房间。看来这里就是要解答问题的地方了。我们毫不犹豫地走进去,只见屋里放着一把米尺。

“我们要测量出这个大房间的面积吗?”我有些疑惑地问道。因为站在门口看这个房间,这里似乎非常非常大。

“先量量看。”空中的声音听起来有点怪,仿佛是强忍着笑似的。

我们正准备测量这个巨大的房间究竟有多大面积,奇怪的事情发生了——明明看起来巨大无比的房

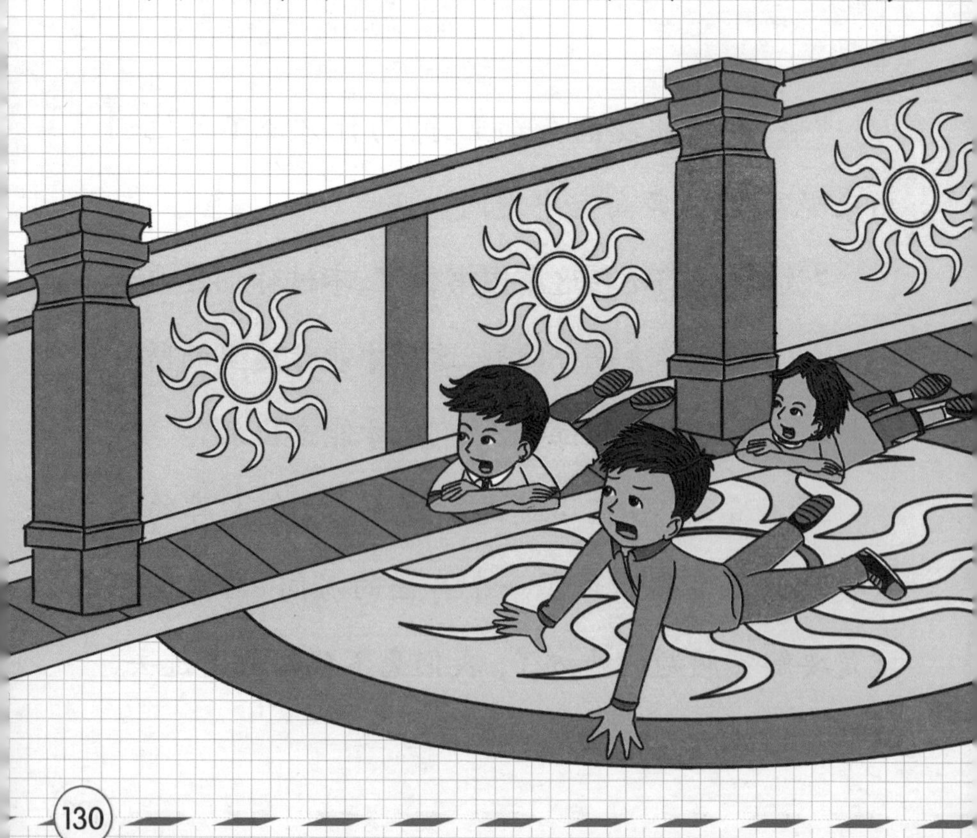

间，竟然几下子就量完了。这个房间的长度只有16分米，宽也只有12分米。我们看到的巨大空间原来只是幻象，这真是太神奇了！

“哈哈哈……”空中的声音终于忍不住大笑起来，“怎么样？有趣吧！”

“还真是很有趣呢。不过下一步我们该做什么呢？”

“如果要用边长为整分米数的正方形地砖把地面铺满，而且要求所有地砖都是整块的，你们需要选择边长是几分米的地砖？可以选的最大边长是几分米？”

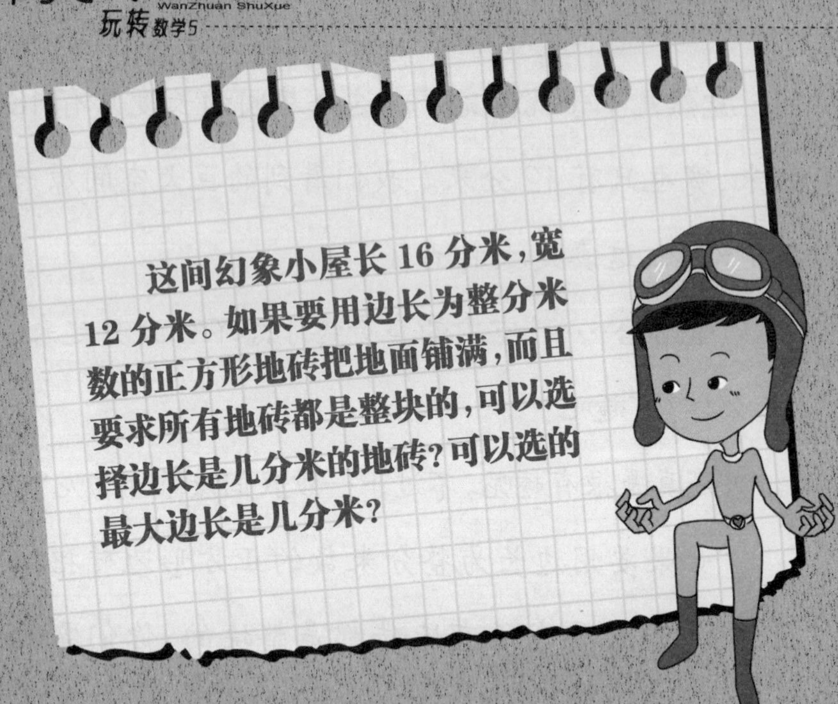
这间幻象小屋长 16 分米，宽 12 分米。如果要用边长为整分米数的正方形地砖把地面铺满，而且要求所有地砖都是整块的，可以选择边长是几分米的地砖？可以选的最大边长是几分米？

原来如此

要使用的正方形地砖都是整块的，边长又是整分米数，所以地砖的边长必须既是16的因数，同时又是12的因数。16的因数是1、2、4、8、16，12的因数是1、2、3、4、6、12，所以地砖的边长可以是1分米、2分米、4分米，可以选的最大边长就是4分米。

1、2、4是16和12的公有因数，也叫公因数。其中最大的4被叫作16和12的最大公因数。

第十三章 友谊万岁

时间过得真快呀！我从一年级那个为了逃避数学课，总是早早上床睡觉的小不点儿，到现在眼看就快升入六年级了，竟然一下有种当大人的感觉了。

在家里，我一不留神地发了一通这样的感慨，结果把爸爸妈妈都逗乐了。爸爸说："陶陶真是长大了，这口气可真够沧桑的。"

自从我有了这种感觉后，忽然觉得我们三剑客以后在一起的时间越来越少了。不知道上中学的时候，我们还会不会在一起玩耍。在放学的路上，我把心里的这个想法说了出来。

"天下没有不散的筵席。"不知道窦晓豆从哪里学到了这句话。

"你是不是很盼着我们分开呀？"我没好气地

说道。

“哪有呀，我只是随便这么一说。我们三剑客可是永不分离的。”

“对对对，我们三个永远都是最坚固的铁三角。”胡聪聪也在一旁帮腔。

第二天数学课后，狄老师把我叫到办公室，递给我一封信，示意我打开看看。这封信是大脚鲍比写给我的：

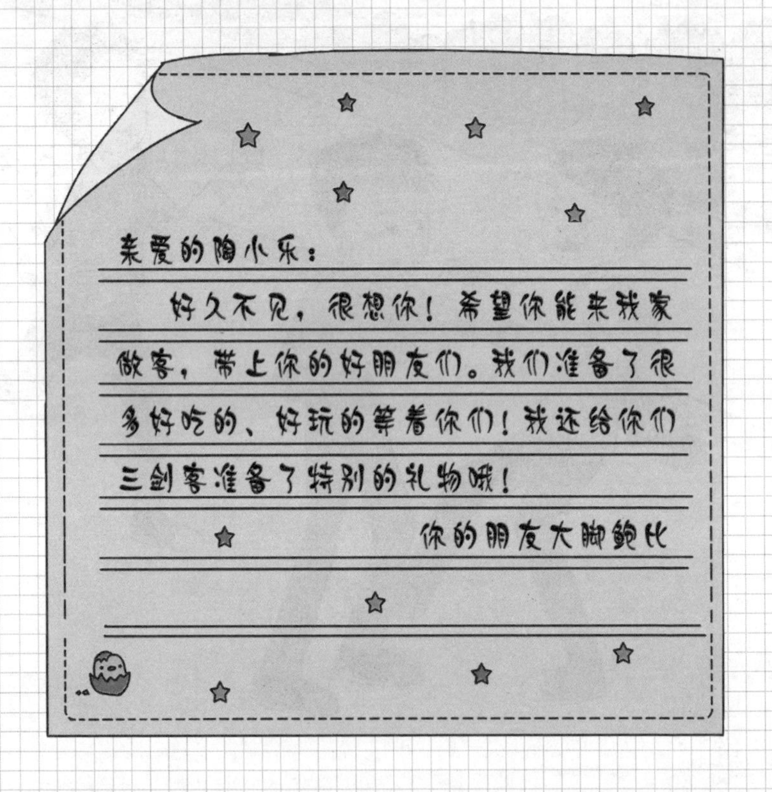

亲爱的陶小乐：

好久不见，很想你！希望你能来我家做客，带上你的好朋友们。我们准备了很多好吃的、好玩的等着你们！我还给你们三剑客准备了特别的礼物哦！

你的朋友大脚鲍比

"大脚鲍比怎么会想到给我写信呢？"我奇怪地问狄老师。

"可能是想更正式一点地邀请你，因为到目前为止，鲍比还没给你写过信呢。"

大脚鲍比还真可爱。回到教室，我就把这件事告诉了窦晓豆和胡聪聪，他们一听说要去大脚鲍比家作客，高兴得差点跳起来。

“谁送我们去呢？”胡聪聪挠了挠头说。

“狄老师让我们放学后，在咱们当年和他第一次见面的公园里等他，他会送我们去的。”

原本以为狄老师也会跟我们一起去，其实他只是负责把我们送过去。虽然有点小小的遗憾，不过想到马上就能见到大脚鲍比了，我们心里还是非常开心。

在狄老师“1、2、3”的口令中，我们启程了。可是意想不到的事情发生了，当我们睁开眼睛时，发现自己并没有抵达大脚鲍比家，而是身处一片树林中。不过看地形却很熟悉，应该就在大脚鲍比家附近吧。看来我们只好徒步走过去了。

“想走？没门儿！”冷不丁冒出来的声音，把我们吓了一跳。仔细一看，原来是一个牛头怪。

“还真是冤家路窄呢！”我不快地说。

“哈哈，什么冤家路窄呀，是我把你们给劫住的！咱们也算是老相识了，打听到你们要来，我怎么能不好好‘招待’一下呢？”

“你招待我们？你是给我们捣乱吧！”胡聪聪不客气地回击道。

“嘿嘿，小子，算你聪明，就是这个意思。你们看到了吗？那边有 500 根方木，每根方木的截面面积是 24 平方分米，长是 3 米，那些方木一共有多少立方米？”

“24 平方分米换算成 0.24 平方米，然后乘以 3 再乘以 500，就是答案了。”胡聪聪这次语出惊人，他一张嘴说话，我还以为他直接就会用 24 乘以 3 再乘以 500 呢！我和窦晓豆同时朝胡聪聪竖起了大拇指。

“哟，你就是那个总喜欢说大话的胡聪聪吧。想不到你还能答对题。”牛头怪阴阳怪气地说。

我和窦晓豆都被牛头怪的话逗乐了，窦晓豆还添油加醋地说："老胡，看来你的大名都威震精灵界了。"

胡聪聪听了窦晓豆的话，丝毫不介意，还挺了挺胸脯说："那是当然了！"

"听好了，昨天我妹妹给我送来一个大馅儿饼。我中午吃了$\frac{1}{8}$，晚上吃了$\frac{3}{8}$，还剩下多少馅儿饼呢？"

"你妹妹？是奶牛吗？"窦晓豆突然冒出这么一句话，再看那牛头怪的脸已经气得发紫了。

"还剩下半个馅儿饼！"我急忙把话题岔开。

牛头怪还是很生气的样子，指着窦晓豆说："你这个臭小子，竟然敢乱说话！下一道题必须由你来回答！回答不出来，你们今天就别想看到大脚鲍比！"

窦晓豆一听，吐了吐舌头，悲伤地说："唉，怎么又是我呀！哪里的精灵都能把我单独挑出来。"

"谁让你乱说话了。好好想题，千万别出错，否则这家伙不知道又要耍什么花招儿了。"我悄悄地嘱咐窦晓豆。

“如果有一桶饮料，陶小乐喝掉$\frac{4}{15}$，胡聪聪喝掉$\frac{1}{15}$；后来陶小乐又喝掉$\frac{7}{15}$，胡聪聪又喝掉$\frac{2}{15}$，剩下的是你的，那你喝掉了多少？”

这次轮到我和胡聪聪紧张地看着窦晓豆了。我心里有点小庆幸，毕竟这道题的分母都是相同的，只要窦晓豆认真点，应该没问题的。

只听窦晓豆惊呼道：“不会吧！”我和胡聪聪的神经立刻紧绷起来，窦晓豆不会算不出来吧？

“不会吧！怎么就给我留了$\frac{1}{15}$的饮料呀？陶小乐，你干吗喝那么多！”我被窦晓豆的话气乐了，狠狠地给了他一拳。

“哈哈哈哈……这小子还真滑稽。”想不到窦晓豆这句傻话竟然把牛头怪也逗乐了，而且还大笑不止，满地打起滚儿来。

看到牛头怪可笑的样子，胡聪聪和窦晓豆也跟着

大笑起来。我拉起他俩就跑，边跑边说："笑什么笑，还不赶快跑！"

在逃跑的路上，我们遇到了来接我们的飞天超和大脚鲍比，原来狄老师发现我们遇到麻烦了，就想办法通知了飞天超。

哈哈，原来小松鼠也在呢，看到它真是太好了。因为它刚刚正在厨房准备点心，所以就没去接我们。

老朋友聚在一起，无所顾忌地畅聊着，真是要多开心就有多开心。大脚鲍比清了清嗓子说：“听狄老师说，最近某人似乎经常感慨时间和友谊的问题，所以我们才专门举办了这次‘男孩派对’！”

“哈哈，你说的某人是不是姓陶呀？”窦晓豆边说，边用余光看着我。

我只不过是小小地抒情了一下，就搞出个‘男孩派对’来！看来我们的一举一动都逃不过狄老师的“法眼”。有这么好的老师，还有这么多善良、细心的朋友，真好！

我端起桌上的饮料，大声说道：“为友谊干杯！”大家也举起饮料，一起说道：“友谊万岁！”

题目 1 精灵王国要修建一座比赛场馆，如果在一个长 36 米，宽 20 米的大房间里，都铺满 3 厘米厚的木质地板，需要多少方木料呢？

题目 2 大脚鲍比做了两个箱子，一个是长方体的，还有一个是正方体的。这两个箱子的棱长总和是相等的，而长方体的长、宽、高分别是 6 分米、5 分米、4 分米，那么正方体的棱长是多少呢？这两个箱子的体积是否相等？

原来如此

方法1

地板的厚度是3厘米，换算成米就是0.03米。

需要的木料就是：

$36\times20\times0.03=21.6$（立方米）

方法2

根据长方体箱子的长、宽、高，求出所有棱长的总和。

$(6+5+4)\times4=60$（分米）

$60\div12=5$（分米）

长方体体积：$6\times5\times4=120$（平方分米）

正方体体积：$5\times5\times5=125$（平方分米）

从列式中可知，正方体的体积大于长方体的体积哦！

第十四章 勇敢者的游戏

大脚鲍比为我们三剑客举办了盛大的“男孩派对”，吃了几块点心后，胡聪聪把手搭在飞天超的肩膀上，笑眯眯地说：“超哥，你能不能给我们设计个冒险游戏？要很刺激，很真实的那种。”

“还‘超哥’呢，真能套近乎。”窦晓豆对胡聪聪做了个鬼脸。

“真够酸的，不过老胡这主意倒是很不错。”难得和飞天超、大脚鲍比、小松鼠聚在一起，我当然也想玩些有趣的游戏了！

“嗯，如果能玩一场刺激的冒险游戏，一定很过瘾，越刺激越好。”窦晓豆的注意力也从胡聪聪对飞天超那酸酸的称呼上，转移到玩游戏上。

“这不难，你们看看这些。”飞天超说着就掏出了一叠卡片，“这些是游戏卡，每张卡片代表一种游戏。你们每人抽一张，然后可以一起玩这些游戏。”

到底该抽哪张呢？虽然飞天超把卡片背对着我们，但我们还是能看到这些卡片一共有三种颜色——红、黄、绿。

“这三种颜色有什么不同吗？”我好奇地问飞天超。

“哦，这三种颜色代表着游戏的难易程度。红色最难，绿色最容易。”

“那我肯定抽红色的。”胡聪聪一边说，一边迅速地从那些红色的卡片中抽了一张。我和窦晓豆凑过去一看，只见上面画着一头大狮子。

“我也要抽红色的。”窦晓豆也连忙抽了一张，只见那上面画着一只大猩猩。

现在只有我还没抽卡片了，我当然也要抽红色的了。只见我抽到的卡片上画着一座美丽的小岛。

看到我的卡片后，窦晓豆和胡聪聪都笑了：“哎呀，你这有什么难度，简直就是度假！”他们俩嘻嘻

哈哈地嘲笑起我来。

“你们可不要小看这些红色的卡片,既然都是红色,游戏的难度自然都小不了。不过我提醒你们,如果你们解决不了发生的事情,就可以撕掉卡片,这样遇到的危险状况就会自动消失。”说着,飞天超把目光转向胡聪聪,“你可以说‘游戏开始’了!”

随着胡聪聪的一句“游戏开始”,我们周围的场景立刻迅速地旋转起来。旋转停止后,我们发现自己身处非洲大草原,周围有好多斑马在悠闲地吃着青草。

“怎么没有凶猛的狮子呀?”胡聪聪不满地嘀咕着。

还没等我们缓过神来,斑马群躁动起来,很快就四散奔逃了。原来在我们的正前方,有好几头狮子扑了过来,只听其中一头狮子还吼叫道:“小斑马好抓!”天哪,狮子怎么还会说话?

“快瞧,那里有三匹长着两条腿的小斑马,还傻傻地站在那里。抓住它们,我们就能饱餐一顿了!”

两条腿的斑马？这世界上还有两条腿的斑马吗？我正觉得好笑，忽然发现那几头狮子正张开大口向我们扑过来。糟糕，原来狮子把我们三个人当成有两条腿的小斑马了！

“不好！快跑！狮子要抓我们了！”我大喊着。

窦晓豆和胡聪聪虽然还没有反应过来，但还是下意识地拔腿就跑。眼看窦晓豆就要被一头狮子追

上了，我忽然想到飞天超的话，于是大喊："胡聪聪，撕卡片！撕卡片！"

一阵旋转之后，我们总算脱离了狮子的追赶，可是这又是哪里呢？环顾四周，我们置身于一座大森林里，看情景，这里应该是热带雨林吧。

"这是什么地方？"窦晓豆疑惑地问。

"这大概是热带雨林吧……"我不太肯定地说。

忽然从热带雨林的小路上传来一阵说话声："我们这次要去偷袭西边的部落，大家要加倍小心！"

有人！我们可以向这些人打听打听，看看我们到底在什么地方。于是我们兴奋地朝着小路跑去，可是眼前的情景却让我们惊呆了，原来它们是一群体型庞大的大猩猩。

"你们是西边部落的警卫吧。来，兄弟们，快把他们抓起来！别让他们回去报信！"一只大猩猩怒吼道。

"快跑!"我们不停地向前奔跑着,可是又怎么能跑过这些凶猛的野兽呢。

"撕卡片!撕卡片!"我和胡聪聪向窦晓豆狂喊着。

这一次,我们摆脱了那些凶猛的大猩猩,身处一条救生艇中。在我们身边还有一包救生饼干,看来我们是在海上遇险了。

救生艇终于在一个小岛靠岸了,我们疲惫地上了岸。一直在逃命的我们实在是太累了,就在距离海边不远的地方睡着了。

半夜里,饥肠辘辘的我醒过来,打开了那袋救生饼干,吃掉了$\frac{1}{3}$。第二天早上醒来的时候,我发现袋子里还剩下8块饼干。窦晓豆和胡聪聪也跟我一样,都说他们半夜时醒来太饿,就吃掉了$\frac{1}{3}$的饼干。这个袋子里原来有多少块饼干呢?

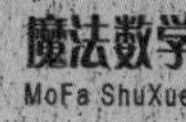

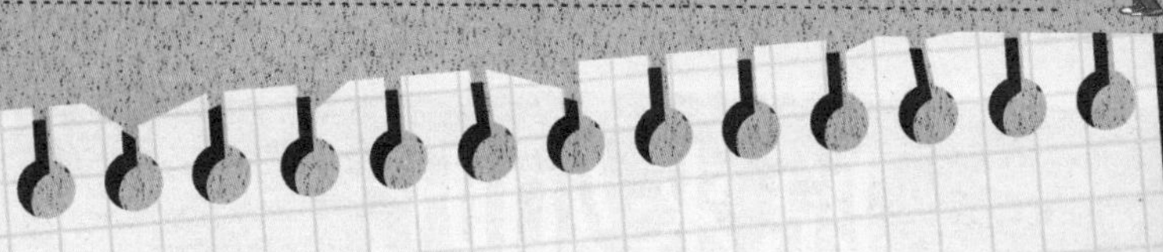

陶小乐半夜醒来吃掉了一袋饼干的$\frac{1}{3}$，胡聪聪半夜醒来吃掉了剩下的$\frac{1}{3}$，窦晓豆半夜醒来又吃掉了剩下的$\frac{1}{3}$，最后袋子里还剩下8块饼干。这个袋子里原来有多少块饼干呢？

原来如此

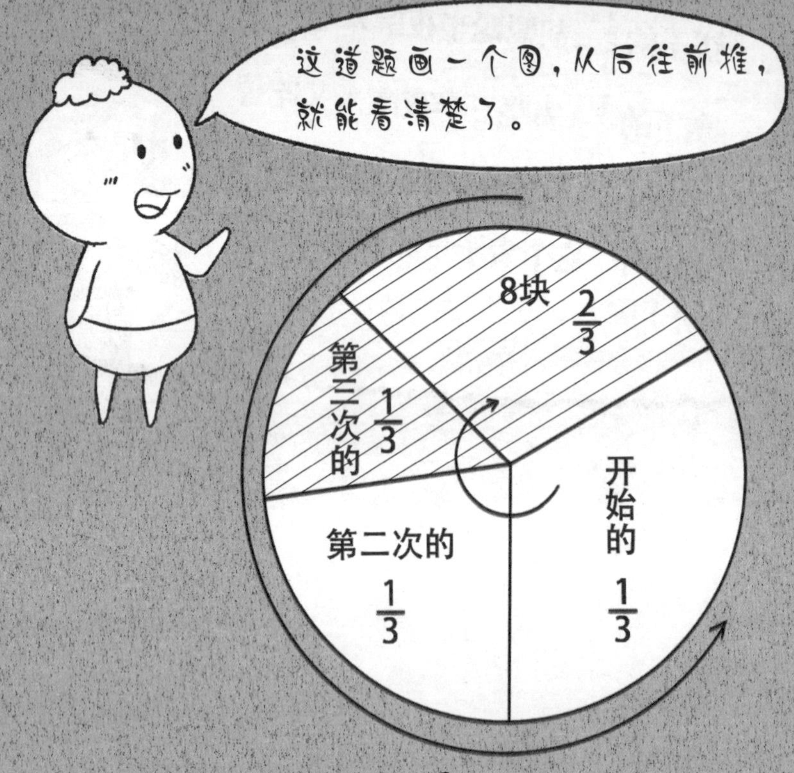

窦晓豆吃掉$\frac{1}{3}$的饼干后，剩下的是$\frac{2}{3}$，也就是8块饼干，所以窦晓豆吃掉以前的饼干数量就是$8\div\frac{2}{3}=12$。也就是图片中的阴影部分所代表的饼干数是12块。

同样的道理，胡聪聪吃掉$\frac{1}{3}$的饼干后，还剩下$\frac{2}{3}$，也就是12块饼干，所以胡聪聪吃掉以前的饼干数量就是$12\div\frac{2}{3}=18$。

同样的道理，陶小乐吃掉$\frac{1}{3}$的饼干后，还剩下$\frac{2}{3}$，也就是18块饼干，所以这袋饼干原来的数量就是$18\div\frac{2}{3}=27$。